공대생이 아니어도 쓸데있는 공학 이야기

공대생이 아니어도 쓸데있는 공학 이야기

한화택 지음

플루토

과학, 외우지 말고 의심하라
공학, 의문을 갖고 개선하라

　우리는 초등학교에서 대학교에 이르기까지 오랜 기간 교육을 받으면서 많은 지식을 습득한다. 그 과정에서 지적 호기심을 불러일으키고 사고능력을 키우는 것은 정말 중요하다. 그런데 머릿속에 많은 양의 지식을 축적하는 데 그치려는 경우가 많다. 특히 과학적 지식에 대해서는 그런 모습을 적잖이 보게 된다. 왜 그렇지? 진짜 그럴까? 하고 비판적으로 생각하기보다는 과학이라는 이름이 주는 무게감 때문인지 의심 없이 당연한 것으로 받아들인다.

　많은 사람들이 과학적 원리나 이론을 주어진 사실대로만 이해하려고 하고, 이해가 잘 되지 않으면 심지어 통째로 외워버리는 방법을 택한다. 그 원리나 이론에 이르기까지 과학자들이 어떻게 생각하고 어떻게 접근해갔는지에 대해서는 그다지 관심을 두지 않는다. 그러니 결과적으로 이미 알고 있다고 생각하는 과학 지식에 대해서 사람마다 이해의 정도가 다르게 나타난다.

　과학은 사실만이 아니라 사실에 도달하기까지의 '과정'도 중요하고, 그 과정의 이해 정도가 과학 지식의 이해 정도를 결정하기 때문이다. 더욱이 과학의 한 분야인 공학은 응용과학으로서 과학적 사실과 그 사실에 닿기까지의 과정, 다시 말해 과학에 관한 총체적인 이해의 정도가 매우 큰 역할을 한다.

이 책에서는 공학에서 활용되는 다양한 과학적 지식과 독특한 접근방법을 소개한다. 새로운 사실을 있는 그대로 설명하기보다는 잘 알려진 사실이나 우리 주변에서 흔히 볼 수 있는 현상들을 다른 각도에서 바라보고, 거꾸로 생각하고, 또 서로 연관시킴으로써 우리가 알고 있는 지식에 대한 이해의 폭을 넓히고자 했다. 이 책을 통해 주변의 사물에 호기심을 가져보고, 찬찬히 관찰해보고, 다르게 생각해보며, 비판적으로 문제에 접근하는 방식이 어떤 건지 살짝이라도 엿볼 수 있으면 좋겠다.

필자는 몇 년 동안《설비저널》에 누구나 재미있고 쉽게 읽을 수 있는 공학 이야기를 연재해왔다. 이 책은 그 내용들을 정리하여 모은 것이다. 이 가운데 일부는 이미 출간된《공대생도 잘 모르는 재미있는 공학 이야기》에 담았고, 이번에 나머지 부분들을 새로이 엮어서 출간하게 되었다. 두 책 모두 가벼운 마음으로 읽을 수 있도록 구성했으니 어떤 책부터 읽어도 상관없고, 책 중간부터 읽는대도 큰 무리가 없을 것이다.

이 책의 1장에서는 지식에 도달하기 위한 관찰과 분석방법에 관한 내용을 주로 다루고, 2장에서는 일상에서 일어나는 각종 현상에 대한 무차원 개념을 소개한다. 마지막으로 3장에서는 다양한 발상을 통한 공학적 응용에 관해 주로 설명한다.

과학적 사실들을 빗대어 설명하는 과정에서 다소 과장되거나 엄밀하게 표현되지 못한 부분도 있을 것이다. 또 좀더 깊이 들어간 덕분에 어려워진 내용도 포함되어 있다. 하지만 이들을 완전히 이해하지 못하더라도 전체적인 흐름을 이해하는 데 큰 무리가 없을 것이다. 주어진 현상에 대하여 어떻게 생각하면 될지, 배우려는 지식에 어떻게 접근하면 될지, 알고 있는 지식을 어떻게 응용하면 될지, 그 방법을 설명하기 위한 대상 또는 익히기 위한 과정이라고 이해하면 된다.

공학은 우리 주변에 매우 가까이 있다. 그럼에도 불구하고 공학이라고 하면 일단 어렵고, 재미없고, 나와는 무관한 것이라고 생각한다. 이 책이 보통사람들에게 공학을 소개하는 기회가 되었으면 한다. 또한 공대생들에게는 비판적 사고를 통해서 과학 지식에 대해 이해의 깊이를 더하고 인문학과의 연관성에 있어서도 이해의 폭을 넓혀나갈 수 있기를 바란다.

끝으로 이 책을 출간하기까지 꼼꼼한 편집과정을 거쳐 멋진 모습으로 만들어주신 플루토 대표께 감사드린다.

한화택

2부

차원이 없는 세상, 흐르는 일상 속에서

3부 ─────────────────────────────
이렇게 생각하고, 저렇게 생각하고,
다르게 보이는 세상 속에서

| 일러두기 |

본문의 • 표시한 곳은 각 장 끝에 참고설명을 추가했다.

1부

관찰하고 측정하고, 지식을 향한 길목에서

1
지식의 체계
격물치지에서 수신제가 치국평천하까지

우리는 많은 것을 자연에서 배운다. 사물을 관찰하면서 자연의 이치를 깨닫고 여러 가지 삶의 지혜를 얻는다. 《대학大學》에는 격물치지 성의 정심格物致知 誠意正心이라는 구절이 있다. 사물의 이치를 궁구窮究하여 지식에 도달하고 뜻을 성실하게 하여 마음을 바르게 한다는 의미다. 우리는 주변의 자연현상이나 사물을 탐구하여 자연의 이치와 우주의 섭리를 알아내고格物致知, 이렇게 얻은 지식을 바탕으로 좋은 뜻을 세우고 마음을 바르게 하는 수양의 과정을 거친다誠意正心. 그리고 난 후 수신제가 치국평천하修身齊家 治國平天下라 하였다. 세상으로 나아가는 원대한 목표도 따지고 보면 사물에 대한 이치를 살피는 작은 일로부터 시작한다는 말이다.

과학기술에 접근하는 과정도 이와 닮아 있다. 우선 사물에 대해 호기심을 가지고 면밀하게 관찰하는 눈썰미가 필요하다格物. 관찰은 눈뿐 아니라 오감을 통해 이루어지며, 사물을 대하는 호기심과 애정이 매우 중요하다. 관찰된 자료는 측정을 통해 정량화되고 머릿속 분석과정을 거쳐 의미 있는 상관관계나 모델 형태로 만들어진다. 이렇게 정리된 결과는 그래프나 수식의 형태로 표현되어 다른 사람들과 소통할 수 있게 된다. 그 다음에 과학적인 검증과정을 거치면서 법칙이나 이론이라는 일반화된 지식으로 자리잡는다致知.

과학이란 관찰과 탐구를 통해 얻은 지식을 체계화하는 과정이라고도 할 수 있다. 이 과정에서 관찰력, 분석력, 사고력, 소통능력 등 여러 가지 능력이 필요하다. 그런 의미에서 과학科學이라는 용어가 사용되기 이전에는 격물치지를 줄여 격치학格致學이라 했다.

공학은 여기에 창조적인 응용과정이 추가된다. 습득한 과학지식을 이용해 현실적인 문제를 찾아 의미를 부여하고誠意, 이를 해결함으로써 사람들을 두루 이롭게 한다正心.

그런데 현실적인 문제에 대한 공학적인 해결책으로 하나의 정답만 존재하는 것이 아니다. 보통 과학법칙에서 가장 중요한 게 옳고 그름 그 자체라면, 공학에서는 추구하는 가치에 따라 다양한 해법이 있을 수 있다. 따라서 공학에는 보다 높은 창의성과 뚜렷하면서도 융통성 있는 가치관이 요구된다. 절대적인 최상의 해결책이 아니라 현실을 고려한 최적의 해결책이 제공되어야 한다는 의미다.

그렇기 때문에 공학자에게는 객관적인 과학지식에 더해 사람과 사회를 이해하는 인문사회적 안목이 필수다. 자신의 전공분야를 갈고닦아 사회적으로 필요한 제품이나 서비스를 제대로 엔지니어링하여 자기실현과

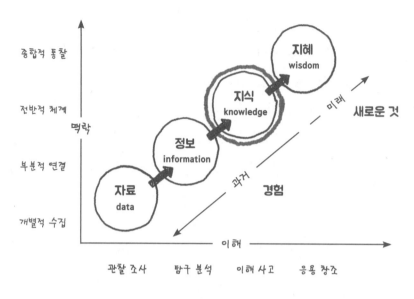

자료에서 정보로, 정보에서 지식으로, 지식에서 지혜로

경제적 성취를 이루고修身齊家 국가 발전에 기여하며 궁극적으로는 전인류에게 편리함과 유익함을 안겨줄 수 있는 것이다治國平天下. 즉 격물치지로 시작해서 치국평천하에 이른다 하겠다.

사소한 물건, 흔한 일상에서 시작해 모두를 밝혀줄 지식과 지혜에 이르기까지 그 사이에는 '지식의 체계'가 있다. 실험이나 관찰을 통해 얻는 것은 자료data다. 이러한 자료들을 모으고 분석하면 유익한 정보information가 된다. 정보를 이해하고 체계를 갖추어 정리한 것이 지식knowledge이다. 단순한 자료나 정보 그 자체는 지식이라고 하지 않는다. 지식은 지식을 이루고 있는 '지식의 체계'를 가리킨다. 지식에 좋은 의지를 담아 보다 높은 경지로 승화시키면 지혜라고 한다.

한 체중계 제조회사에서는 고객들이 스마트폰 앱과 연계하여 자신의 몸무게를 관리할 수 있도록 무선통신 기능을 탑재한 블루투스 체중계를 판매하고 있다. 이 회사는 고객들의 측정시각과 측정값 등 몸무게와 관련된 대량의 데이터를 쌓아가고 있다. 이렇게 수집된 많은 데이터는 내버려두면 그저 숫자에 불과하지만, 이러한 빅데이터를 분석해 의미를 부여하면 매우 유용한 정보가 된다.

간단한 데이터 처리를 통해 현재 이 체중계를 이용하는 고객이 몇 명인지, 전체 고객의 평균 몸무게가 얼마인지 등 각종 정보를 얻을 수 있다. 이런 기초적인 정보들을 분석하고 체계화하여 지식을 만들어낸다. 계절에 따른 고객 수의 변동이나 몸무게의 증감 추이를 파악할 수 있고, 체중별 또는 지역별로 측정 주기나 매출 변화 등에 관해 유용한 사실들을 파악할 수 있다.

이렇듯 각 정보들의 연관성을 분석하여 도출한 정보는 가치 있는 지식이 된다. 이로부터 통찰력을 발휘하여 연말연시 매출 포인트를 찾아내거나 체중별, 지역별로 홍보전략을 세운다. 지식을 패턴화함으로써 회사 매출도 올리고, 사람들의 건강을 유지하는 데 도움이 되는 지혜를 발휘하는 것이다.

우리는 초등학교부터 대학교까지 무려 16년 동안 공부하면서 그야말로 지식의 달인(?)이 된다. '아는 것이 힘'이라며 기나긴 학창시절 동안 무수히 많은 것들을 배운다. 있는 힘껏 암기를 해가면서 머릿속에 개별적 정보들을 대량으로 쌓아간다. 하지만 그 정보들이 서로 어떻게 연관되어 있는지 알아차리지 못하는 경우가 많다. 지식의 체계가 세워져 있지 않기 때문이다. 그토록 많은 정보들을 배우지만 지식의 체계에 대해서는 생각하거나 배운 적이 거의 없다. 자기 스스로 깨우쳐야 할 문제다.

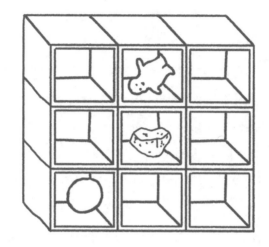

지식의 격자

전후 · 대등 · 종속 · 인과관계 등 사물의 관계

어린아이의 머릿속을 들여다보자. 아이들은 하나씩 하나씩 사물을 구별하기 시작한다. 손에 쥔 것은 모두 입으로 가져가서 먹는 것에 대한 정보를 수집한다. 먹는 것과 먹지 못하는 것을 구분하면서 머릿속에는 두 개의 격자가 만들어진다. 경험에 비추어 사탕 같은 것을 저장하는 '먹는'

격자와 돌멩이 같은 것을 저장하는 '못 먹는' 격자다. 빨간색 종이로 싸여 있는 사탕이 특히 맛있다는 중요한 정보도 그 격자에 함께 입력된다.

경험적 정보들을 더해가면서 두 개의 격자는 점점 세분화되고 복잡해진다. 먹을 수 있는 것은 '맛있는 것(까까)'과 '맛없는 것(맘마)'으로 구분되고 못 먹는 것은 '무서운 것(에비)'과 '더러운 것(지지)'으로 구분될지도 모른다. 못 먹지만 '가지고 놀 것(장난감)'이라는 별도의 격자를 만들지도 모르겠다.

사람마다 만들어내는 머릿속 격자구조는 모두 다르다. 각자 자기 나름대로 지식의 체계를 만들어 수집한 정보를 저장하고 그 정보들 사이에서 전후관계, 대응관계, 종속관계, 인과관계 등 다양한 관계들을 파악한 후 자신만의 고유한 방식에 따라 지식을 쌓아나간다.

〈대장금〉이라는 TV 드라마가 있다. 여주인공 장금이는 식물도감이 없던 시절 들풀을 하나하나 관찰하면서 먹을 것과 못 먹을 것을 구분하고, 색깔이나 크기나 약효 등 다양한 방법으로 분류한다. 또 여러 풀들의 공통점과 차이점을 찾아내고 이들을 서로 비교하여 정리한다. 정리한 결과가 비록 현재의 식물도감과 다를지언정 이러한 작업이 바로 지식을 체계화하고 쌓아가는 전형적인 과정이다. '어느 풀에 어떠한 약효가 있다'라는 식의 개별적 사실 자체는 단순한 정보 또는 지식의 단편일 뿐 지식의 체계는 아니다.

학교에서는 지금까지 인류가 축적해놓은 수많은 지식을 가르치고 배운다. 이러한 지식은 이미 잘 체계화되어 있기 때문에 그 내용이나 구조에 대해서 의심할 여지가 거의 없다. 학생들은 스스로 지식들을 체계화할 필요가 없으니 얼마나 편하고 좋은가. 그러나 한편으로는 그것에 대

해 의문을 가질 여지조차 없으니 그저 내용을 받아들이는 데만 급급하다. 특히 과학적 지식에 대해서는 더욱 그렇다. 과학이라고 하면 절대적으로 믿는 경향이 있기 때문이다.

　열심히 공부해서 머릿속에 개별 정보들을 많이 저장한다 하더라도 머릿속에 틀이 마련되어 있지 않으면 어느 격자에 저장해야 하고 어떻게 서로를 연결시켜야 할지 잘 모른다. 제자리에 잘 저장되어 있지 않은 내용물은 기억에서 쉽게 사라지고 만다. 이뿐인가. 의미 있게 연결되지 못하고 그저 보관만 되어 있는 개별 정보들은 멍하니 있다가 사라지기 쉽다. 각 정보들이 보관을 넘어 다른 정보들과 상호관계를 가지면서 연결되면 지식의 틀은 더욱 견고해진다. 일단 지식의 틀이 잘 마련되면 시간이 흘러 그 내용은 잊혀도 그 내용을 담아두었던 틀은 쉽게 사라지지 않는 법이다. 이제 거의 모든 개별 정보는 인터넷을 통해 얻을 수 있다. 더 이상 머릿속에 많은 정보들을 넣어둘 필요가 없다. 지금 중요한 것은 내 게 맞는 지식의 틀을 만들고 키워나가는 것이다.

수신제가 치국평천하에 이르는 길은 격물치지에서 시작한다. 작은 사 물에도 호기심을 가지고 면밀히 관찰하는 것에서 시작해 습득된 정보를 나름대로 비판적으로 분석하고 머릿속에 지식의 체계를 이루어가는 과 정이라고 할 수 있다.

2
라디안
손마디로 거리 재기

누구나 잘 알고 있는 각도에 대한 이야기를 해보려고 한다. 사각형의 한 모서리는 90도고 정삼각형의 한 각은 60도다. 여덟 등분한 피자 한 조각은 45도다. 한 바퀴 돌면 360도, 두 바퀴 돌면 720도다. 각도란 보통 평면각을 의미하며 '회전한 정도'나 '기울어진 정도'를 나타낼 때 사용하는 측정 표준이다.

각도를 표시할 때 일상생활에서는 도degree를 주로 사용하지만 과학 분야에서는 호도법에 의한 라디안radian을 선호한다. 라디안값은 연산을 하는 데 있어서 여러모로 편리하기 때문이다.

호도법이란 호의 길이를 이용해서 각도를 표시하는 방법이다. 원의 반지름과 같은 길이의 호가 만드는 각은 반지름의 길이가 어떻든, 즉 원

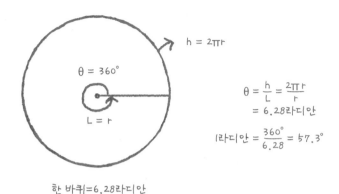

$$\theta = \frac{h}{L} = \frac{2\pi r}{r}$$
$$= 6.28 \text{라디안}$$

$$1\text{라디안} = \frac{360°}{6.28} = 57.3°$$

한 바퀴=6.28라디안

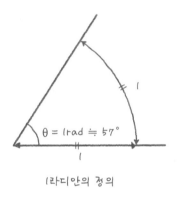

원의 반지름과 길이가 같은
호에 대한 중심각이
1라디안이고 약 57도

1라디안의 정의

의 크기가 어떻든 상관없이 항상 일정한데 그 각도를 1라디안이라고 정한 것이다. 따라서 라디안은 반지름에 대한 원호의 길이($\theta = \frac{h}{L}$)로 정의한다. 반지름이 r일 때 전체 원주가 $2\pi r$이므로 360도는 6.28(2π)라디안이고, 1라디안은 약 57도가 된다.

우선 '회전한 정도'를 나타내는 각도에 대해 생각해보자. 이때 각도는 1회전이 기준이 된다. 즉 한 바퀴 또는 한 사이클을 어떻게 정의할 것인가 하는 것에서 시작한다. 그런데 잠깐! 한 바퀴가 왜 하필 360도일까?

현재 우리는 옛날 바빌로니아 사람들이 정한 것을 그대로 사용하고 있다. 바빌로니아 사람들은 왜 이렇게 정했을까? 1년이 365일이므로 360과 유사해 그렇게 정했다는 설도 있지만, 숫자 360이 여러 작은 숫자들의 공배수가 되므로 편하기 때문이라는 의견이 정설이다. 360은 2, 3, 4, 5, 6, 8, 9 등으로 나누어지며, 특히 12까지의 수 가운데 7과 11을 제외한 모든 수로 나눌 수 있다. 그래서 피자 한 판을 여럿이 나누어 먹어도 소수점 걱정이 없다. 넷이면 90도, 여섯이면 60도, 여덟이면 45도, 열둘이면 30도씩 나누어 먹으면 되기 때문이다.

마음대로 상상해보건대 각도를 정의할 때 60진법이 아니라 10진법을 이용했다면 어땠을까? 그랬다면 한 바퀴는 360도가 아니라 100도가 된다. 딱히 어색하지는 않을 것이다. 우리는 퍼센트의 개념으로 100이라는 숫자에 익숙하기 때문에 각도를 표시할 때도 나름대로 편리한 점이 있을 수 있다. 그럼 한 바퀴 돌면 100도, 두 바퀴 돌면 200도다. 10도는 한 바퀴의 10퍼센트고, 20도는 20퍼센트다. 피자를 나눌 때 둘이면 50도, 셋이

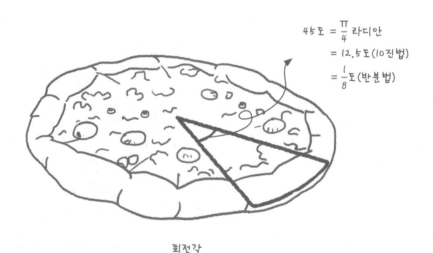

$$45도 = \frac{\pi}{4} 라디안$$
$$= 12.5도 (10진법)$$
$$= \frac{1}{8}도 (반분법)$$

회전각

22

면 33.3도, 넷이면 25도로 나누면 된다. 파이 차트를 그릴 때 전체를 100퍼센트로 보고 여러 부분으로 할당하는 방식을 생각하면 된다.

다른 방법도 있다. 한 바퀴를 전체, 즉 1로 생각하고 절반씩 쪼개나가는 반분법이다. 그래서 반 바퀴는 $\frac{1}{2}$half, 반의 반 바퀴는 $\frac{1}{4}$quarter로 이해하는 것이다. 이는 2진법에 근거한 방법으로서 디지털 시대의 표현법과 잘 들어맞는다. 각도는 아니지만 다른 단위에 실제로 사용되고 있는 방식이다. 바로 영국계 단위계British Unit System에서 사용한다. 인치inch 단위의 자는 $\frac{1}{2}$, $\frac{1}{4}$, $\frac{1}{8}$, $\frac{1}{16}$ 눈금이 매겨져 있고, 정밀한 자일수록 $\frac{1}{32}$, $\frac{1}{64}$ 등과 같이 더욱 세밀하게 눈금이 매겨져 있다. 정수로 나누어 떨어지지 않을 것을 염려할 필요 없이 정밀함이 요구되는 한까지 2^n으로 계속 쪼개나가면 된다.

영국에서는 특이하게도 절반씩 나눌 때마다 아예 다른 단위를 사용하기도 한다. 특히 액체 용량을 나타내는 단위로 갤런gallon, 쿼트quart 등 엄청나게 많은 단위가 사용되고 있다. 갤런의 절반은 하프갤런half-gallon, 하프갤런의 절반은 쿼트, 쿼트의 절반은 파인트pint, 파인트의 절반은 컵cup, 컵의 $\frac{1}{8}$은 온스ounce, 온스의 절반은 테이블스푼table-spoon 등이다. 참 특이한 사람들이다.

각도 역시 이렇게 용량이나 길이를 반분해나간 것처럼 $\frac{1}{2}$, $\frac{1}{4}$, $\frac{1}{8}$과 같이 계속 절반씩 쪼개가는 방식으로 표현할 수 있다. 물론 이 방식이 공식적으로 쓰이지는 않는다.

이제 '기울어진 정도' 또는 '벌어진 정도'를 나타내는 각도에 대해서 생각해보자. 기울어진 정도란 수평거리 대비 수직거리의 변화를 의미한다. 그러니까 탄젠트tangent를 생각하면 된다.

기울기각

기울기 개념으로서의 각도는 기본적으로 0도에서 90도 범위의 값을 생각한다. 0도라면 기울기가 0이고, 90도라면 기울기가 무한대다. 대칭적으로 생각한다면 절반인 45도 이하의 기울기만 표시할 수 있으면 된다. 기울기가 그리 크지 않은 경우에는 탄젠트값(밑변 대비 수직 높이)은 라디안값(밑변 대비 원호 길이)과 거의 같고, 사인sine값(빗변 대비 수직 높이)도 거의 같다.

자동차로 도로를 달리다 보면 도로 표지판에 경사도를 퍼센트로 표시해놓은 것을 볼 수 있다. 도로의 기울기가 10퍼센트 정도 되면 별거 아닌 것 같지만, 꽤 가파른 길이라 디젤 트럭들은 힘을 못 쓰고 하위 차선으로 비켜선다. 기울기가 10퍼센트라고 하면 원래 탄젠트값 0.1을 의미한다. 쉽게 말해 수평 방향으로 100미터 가면 수직 방향으로 10미터 올라가는 기울기다.

하지만 수평이 아니라 빗면 방향으로 100미터를 가더라도, 다시 말해 탄젠트 대신 사인으로 생각해도 결과는 크게 다르지 않다. 더욱이 편리하게도 라디안 각도로는 그대로 0.1라디안이다. 즉 $\tan 0.1 \approx \sin 0.1 \approx 0.1$라디안＝10퍼센트다.

라디안은 특별히 작은 각도를 나타낼 때 유용하다. 멀리 보이는 물체는 그 크기에 해당하는 '시야각도'를 형성한다. 시야각도란 눈에 보이는 크기를 말한다. 시야각도를 라디안으로 표현하려면 물체의 크기를 그곳까지의 거리로 나누면 된다. 1미터 앞에 있는 1센티미터 막대기($\frac{1센티미터}{100센티미터}$)나 100미터 앞에 1미터 막대기($\frac{1미터}{100미터}$)나 보이는 시야각도는 모두 0.01라디안으로 같다. 이 시야각도를 알면 멀리 있는 물체의 대략적인 크기나 멀리 있는 물체와의 대략적인 거리를 알아낼 수 있다.

참고로 인간의 망막세포는 1킬로미터 밖에서도 1센티미터 정도의 물체를 식별할 수 있다고 하니 0.00001라디안의 대단한 분해능을 갖고 있는 셈이다. 시력검사표에는 큰 글씨부터 작은 글씨까지 표시되어 있는데, 시력 1.0의 기준은 5미터 거리에서 글자 획의 두께가 1.5밀리미터인 글자를 분별할 수 있느냐다. 이것은 $\frac{0.0015}{5} = 0.0003$라디안으로 $\frac{1}{60}$도(1분)에 해당한다. 이와 같이 라디안은 작은 숫자임에도 불구하고 그 의미가 살아 있고 감을 잡기 편리하다.

풍경화를 그릴 때 화가들은 종종 한쪽 눈을 감고 붓을 든 한쪽 팔을 쭉 뻗은 채 멀리 보이는 산과 들을 관찰한다. 물체의 크기를 가늠하여 화폭에 담을 풍경 구도를 잡기 위해서다. 여기서 한걸음 더 나아가 라디안의 개념을 활용하면 거리나 물체의 크기를 정량적으로 측량할 수 있다.

바로 시야각도를 이용하는 것이다.

사람마다 조금씩 다르겠지만 손을 앞으로 쭉 뻗었을 때 눈에서 엄지 손가락까지의 거리는 약 60센티미터고 엄지 손톱의 크기는 약 1.5센티미터다. 따라서 보통사람들의 쭉 뻗은 팔의 엄지 손톱이 눈에 보이는 각도는 $\frac{1.5}{60} = \frac{1}{40}$ 라디안이다. 자, 그럼 응용해볼까?

멀리서 걸어가고 있는 사람이 엄지 손톱만 하게 보인다. 사람 키를 대충 1.7미터라고 하면 그곳까지의 거리는 $1.7 \times 40 = 68$미터($\frac{1}{40}$ 라디안 $= \frac{1.7미터}{68미터}$)로 계산할 수 있다. 진짜로? 하는 생각이 들지도 모르겠지만 꽤 정확하다. 크기가 다른 여러 개의 손가락 마디들을 이용하거나 손톱에 눈금이라도 매겨놓으면 더욱 정밀하게 측정할 수 있다. 여기저기 응용해보면 재미있을 것이다.

3
스테라디안
일식 관찰

　2009년 7월 22일 달이 지구와 태양 사이를 지나면서 태양을 완전히 가리는 개기일식이 있었다. 중국이나 인도 일부 지역에서는 달이 태양을 완전히 가리는 모습을 볼 수 있었지만, 우리나라는 개기일식 경로에서 살짝 비켜나 있어 태양의 80퍼센트까지 가려지는 부분일식을 볼 수 있었다. 그렇지만 우리나라에서도 오전 9시 34분부터 오후 12시 6분까지 두 시간 반 동안이나 진행된 아주 큰 일식이었다.

　이날 61년 만에 펼쳐지는 우주쇼를 관찰하기 위해 아침부터 작은딸과 함께 검은 필름과 카메라를 준비했다. 태양을 맨 눈으로 관찰하기는 어렵지만, 카메라용 필름이나 플로피 디스켓 안에 들어 있는 마그네틱 필름을 통해서 보면 태양 주변을 선명하게 관찰할 수 있다. 요즘은 카메라

용 필름이나 플로피 디스켓 구하기가 쉽지 않으니 다른 방법을 찾아야겠지만 말이다. 일식을 볼 수 있는 기회는 자주 찾아오지 않는다. 더구나 이 날처럼 태양의 꽤 많은 부분이 가려지는 부분일식이나 완전히 가려지는 개기일식은 평생 한두 번 볼까 말까다. 게다가 구름이 끼면 말짱 꽝이다.

일식이 일어날 때 해가 달처럼 이지러지는 모양을 관찰하는 것도 재미있지만 또다른 재미도 있다. 우주쇼가 진행되는 동안 어둑어둑해지는 세상이 평상시와 달라져 뭔가 심상치 않은 분위기를 느낄 수 있다. 그러니 영문을 몰랐던 옛날에는 일식이 일어나면 민심이 동요하고 왕들이 긴장했던 것이다.

"해에 달 그림자가 지는 거예요?"라고 딸아이가 묻는다.

"아니야. 해가 밝은데 어떻게 해에 그림자가 생길 수 있겠니? 해를 가리고 있는 것은 달 그림자가 아니라 실제 달이야. 달이 해 앞을 지나가고 있는 거지."

"그래요? 달이 거의 해 크기만 하네."

"그렇지. 실제로는 달이 훨씬 작지만 지구와 더 가까이 있으니까 해와 크기가 비슷해 보이는 거야."

개기일식이 일어날 때는 달이 더 큰 것 같기도 하고 금환일식이 일어날 때는 해가 더 큰 것 같기도 하다. 개기일식 때는 해보다 달이 더 커 보이면서 해가 완전히 가려지고, 금환일식 때는 달보다 해가 더 커 보이면

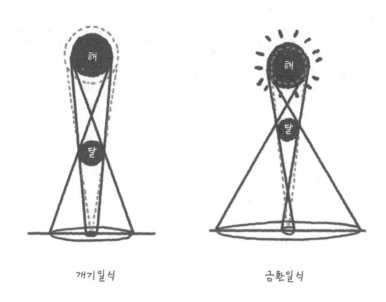

개기일식   금환일식

서 달 주위로 반지 같은 해의 모습이 보인다.

하늘에 떠 있는 물체가 우리 눈에 '보이는 크기'를 나타낼 때 입체각을 이용한다. 우리가 보통 각도나 기울기를 나타낼 때 이용하는 것은 평면각이다. 평면각은 거리에 대해 바라보이는 길이(또는 원호의 길이)를 라디안으로 표시한 것이고, 입체각은 거리에 대해 바라보이는 면적의 크기를 표시한 것이다.

같은 면적이라도 가까이 있으면 크게 보이고 멀리 있으면 작게 보인다. 입체각은 면적의 실제 크기 A를 그 면까지의 거리 x의 제곱으로 나눈 것($\phi = \dfrac{A}{x^2}$)으로 정의되며, 이를 스테라디안^{sr}이라고 한다. 또는 입체각을 거리 x를 반지름으로 하는 커다란 구(천구)의 전체 표면적 대비 실제 면적($\dfrac{A}{4\pi x^2}$)에 4π를 곱한 것으로 이해할 수도 있다. 또 다르게는 변의 길이가 a와 b인 직사각형을 바라보는 입체각은 면적을 거리의 제곱으로

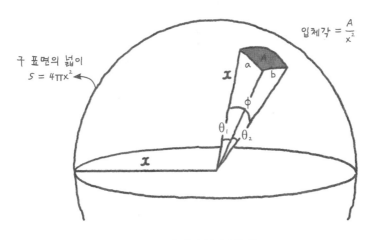

구 표면의 넓이
$S = 4\pi x^2$

입체각 $= \dfrac{A}{x^2}$

천구에서의 입체각

나눈 $\dfrac{ab}{x^2}$ 이므로 두 평면각 ($\theta_1 = \dfrac{a}{x}$, $\theta_2 = \dfrac{b}{x}$)을 곱한 것과도 같다. 따라서 1스테라디안이란 1미터 떨어진 곳에서 가로세로가 각 1미터인 평면을 바라볼 때의 입체각이라고 생각하면 된다. 앞 장에서 설명했듯이 평면각에서 한 바퀴 전체가 2π라디안인 것처럼 입체각에서는 전체 천구가 4π 스테라디안이다.

보다 일상적인 예를 들어보자. 우리는 매일 다양한 크기의 스크린을 보면서 산다. 나는 현재 5.7인치 형 핸드폰을 사용하고 있다. 핸드폰 화면의 크기는 가로 71밀리미터, 세로 126밀리미터인데, 직접 재보니 눈에서 약 35센티미터 거리에 두고 사용하고 있다. 따라서 입체각은 약 0.073 스테라디안이다($\dfrac{71 \times 126}{(350)^2}$). 그런가 하면 탁자 위에 놓여 있는 가로 332밀리미터, 세로 187밀리미터의 15인치 형 노트북은 눈과의 거리가 90센티미터 정도 되므로 약 0.077스테라디안이다($\dfrac{332 \times 187}{(900)^2}$). 또 멀리 3미터 정도 떨어진 벽에 가로 104센티미터, 세로 65센티미터의 48인치 형 텔레비전이 붙어 있으니 TV를 바라보는 입체각은 약 0.075스테라디안이다 ($\frac{104\times 65}{(300)^2}$).

공교롭게도 우리가 바라보는 스크린은 입체각들이 대체로 비슷하다. 작은 것은 가까이 놓고 보고 큰 것은 멀리서 보니 그렇다. 입체각이 너무 작으면 작은 글씨들이 잘 안보이고, 너무 크면 고개나 눈을 돌리면서 봐야 하니 불편하다. 엄밀하게 조사해보지는 않았지만 사람들이 스크린을 볼 때 대략 0.05에서 0.1스테라디안 범위의 입체각에서 가장 편안해 하지 않나 싶다.

다시 해와 달로 돌아가보자. 태양까지의 평균거리 $x = 1.49\times 10^8$킬

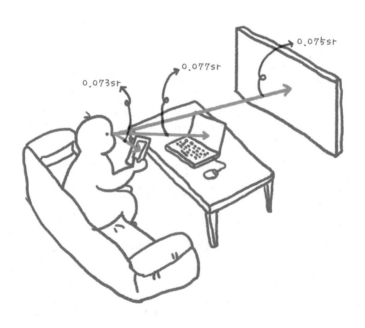

생활 속 여러 가지 스크린과 우리 눈과의 입체각

로미터고 태양의 지름 $d = 1.39 \times 10^6$킬로미터다. 따라서 태양의 입체각 $\phi = \dfrac{A}{x^2} = 6.8 \times 10^{-5}$스테라디안이다. 마찬가지로 달까지의 평균거리 $x = 3.8 \times 10^5$킬로미터, 달의 지름 $d = 3{,}476$킬로미터이므로 달의 입체각 $\phi = 6.5 \times 10^{-5}$스테라디안이다. 늘 봐와서 경험적으로 알고 있겠지만 해와 달의 입체각을 계산하니 거의 같다. 태양까지의 거리는 달까지 거리의 약 400배인데 태양의 크기가 달의 약 400배 정도니까 지구상에서 거의 같은 크기로 보이는 것이다.

하지만 지구가 타원궤도를 그리기 때문에 태양과의 거리에 따라서 태양의 크기가 달보다 커 보이기도 하고 조금 작아 보이기도 한다. 지구는 공전 궤도에서 여름철(북반부 기준)에는 태양까지의 거리가 가장 먼 원일점에 위치해 태양이 비교적 작아 보이고 겨울철에는 가장 가까운 근일점에 위치해 태양이 비교적 커 보인다. 따라서 여름철에는 개기일식이 일어나기 쉽고 금환일식은 겨울철에 일어나기 쉽다.

이후 2010년 1월에 부분일식이 있었지만, 2009년에 있었던 일식은 해가 완전히 가려진 시간이 6분 39초에 이르는, 21세기에 일어나는 일식 중 가장 긴 일식이었다. 앞으로 정말 기대되는 일식은 금환일식으로 2041년 10월 25일에 있을 예정이다. 그때까지 살아 있어서 우주의 장관을 한 번 더 볼 수 있으면 좋겠다.

4
사분면
헷갈리는 길 안내

"과학기술회관을 찾아가려고 하는데요."

"네, 안내해드리겠습니다."

길을 묻는 전화에 상담원은 친절하게 대답해주었다.

"강남역에서 왼쪽으로 100미터 정도 가다가 다시 왼쪽으로 올라가시면 바로 12층짜리 건물이 보입니다."

"네? 왼쪽이 어느 쪽이지요?"

"어휴! 왼쪽도 모르세요? 밥 안 먹는 쪽이요."

"그건 아는데, 어느 방향으로 가다가 왼쪽이냐구요?"

약간 신경질적으로 되묻는 말에 상담원은 당황한 듯 했으나 이내 주변 지형지물을 생각해냈다.

"그러면 M 예식장 건물 아세요? 그쪽으로 오시면 됩니다."

"잘 모르겠는데요."

"그러면 서초복합건물은 아세요?"

"네, 알아요."

상담원은 서초복합건물을 안다는 말에 안도하면서 길안내를 마무리하려고 했다.

"서초복합건물 건너편으로 가시면 됩니다."

"네? 건너편이라고 하면 어느 방향으로 건너편이란 말이죠? 북쪽? 동쪽? 아니면 대각선 방향을 말하나요?"

"네? 대각선이요? 대각선으로 가면 뭐가 나오는지 잘 모르겠고…, 아무튼 역삼역 방향으로 건너세요."

"아, 역삼역 방향이요? 알겠습니다. 그런데 역삼역 방향의 북쪽 사면으로 가야 하나요, 남쪽 사면으로 가야 하나요?"

질문은 끝없이 이어졌다. 이공계스럽게 따져 묻던 그 사람은 상담원과 한참 동안 실랑이한 끝에 비로소 목적지의 위치를 머릿속에 그릴 수 있었다고 한다.

그림이 아니라 말로 길안내를 해주거나 받다 보면 답답할 때가 많다. 설명하는 사람과 듣는 사람 모두 주변의 지형지물을 잘 알고 있으면 그리 어렵지 않다. 사방으로 뚫린 길이 각각 어디를 향하고 있는지 방향 정보를 서로 공유하고 있으면 더욱 쉽다. 그러나 보통은 각자 알고 있는 지형지물과 설정한 좌표가 서로 다르기 때문에 커뮤니케이션에 어려움이 생긴다. 더욱이 우리말에는 길의 방향이나 지형지물의 위치 등을 표현하는 용어가 충분하지 않아 더 어렵다.

과거 우리나라 길들은 기본적으로 1차원적이었다. 한 방향으로 뚫린 길을 따라가면 되기 때문에 정확한 위치나 거리를 설명할 필요가 별로 없었다. 이쪽 아니면 저쪽이고, 더 가거나 덜 가거나 정도만 구별하면 된다. 그렇기 때문에 복잡한 길을 설명하기 위한 세세한 용어들이 그리 필요하지 않았다. 그저 "이 길로 쭉 가다 보면 오른쪽에 나옵니다." "얼마나 가나요?" "한참 잊어버리고 가다 보면 보입니다. 놓칠 수가 없어요." 이 정도의 대화면 어지간한 길들은 별 어려움 없이 찾아다닐 수 있었다.

그러나 서울의 강남처럼 바둑판 형태로 2차원 도로가 나 있는 곳에서는 기본적으로 $x-y$ 좌표가 명확해야 한다. 이런 곳에서는 교차로를 중심으로 동서남북의 방위나 사거리의 방향을 서로 맞추어야 하고, 그로부터 좌표 개념을 이용해 위치를 설명한다. 여기서 사거리를 중심으로 네 방향으로 나누어진 사분면을 이용해 설명할 수 있으면 더욱 좋다.

사분면은 수학이나 기계 제도에서 사용되는 용어로, 평면상에서 x축과 y축으로 나누어진 네 개의 분할면을 말한다. x축은 오른쪽이 플러스, 왼쪽이 마이너스고, y축은 위쪽이 플러스, 아래쪽이 마이너스다. x와 y가 모두 플러스인 공간을 1사분면으로 하여 시계 반대 방향으로 돌아가면서 차례로 2사분면, 3사분면, 4사분면이라 부른다.

지하도 출구의 기호를 동서남북 방위와 맞춘 각 사분면의 이름을 따서 붙이면 편할 것이다. 1사분면에 있는 출구는 1사분면 출구, 2사분면에 있는 출구는 2사분면 출구. 그리고 1사분면 출구에 $+x$ 방향으로 난 출구는 $1x$ 출구, $+y$ 방향으로 난 출구는 $1y$ 출구로 구분한다. 그러면 자연스럽게 방위도 파악할 수 있다. 길을 표시할 때도 차도는 $+x$, $-x$, $+y$, $-y$면 족하다.

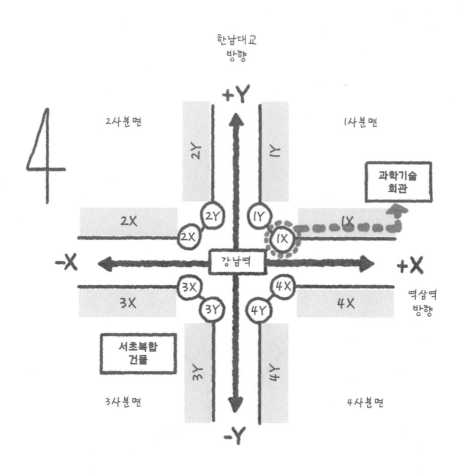

반면 보행자들이 걷는 보도라면 같은 +x 방향이라 하더라도 1사분면에 면한 북측 길이 있고 4사분면에 면한 남측 길이 있다. 차도를 중심으로 양쪽에 보도가 나란히 나 있기 때문이다. 하지만 복잡할 건 없다. 이들 보도 이름도 출구 이름을 따서 1x, 4x라 명명하면 된다.

이러한 명명법을 서로 알고 있거나 아니면 그저 사분면이라는 말만 알고 있더라도 앞에 나온 답답한 길안내 대화를 다음과 같이 간결하게 할 수 있다.

"강남역에서 1사분면 동쪽 출구(1x)로 나오셔서 동쪽(+x 방향)으로 100미터 정도 오다가 북쪽(y 방향)으로 올라오시면 됩니다."

설명을 들은 사람은 동서남북, 즉 x-y 좌표만 확인하면 된다.

서울 지하철 2호선은 시청에서 출발해 동대문, 왕십리, 잠실 방향으로 도는 것을 내선순환이라 하고, 반대로 충정로, 합정, 영등포 방면으로

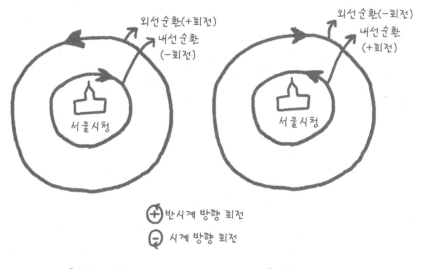

도는 것을 외선순환이라고 한다. 순환의 중심을 기준으로 할 때 안쪽 궤도를 운행하면 내선순환, 바깥쪽 궤도를 운행하면 외선순환으로 정했다. 서울 지하철은 우측통행을 하기 때문에 이렇게 되지만, 만일 좌측통행을 한다면 내선과 외선이 바뀌어야 한다. 따라서 외국인 관광객이 내선순환 inner circle, 외선순환 outer circle이란 말을 들으면 지하철이 좌측통행을 하는지 우측통행을 하는지 먼저 알아야 한다.

이런 애매한 표현 대신에 세계 공통어인 과학적 용어를 쓰면 오른손법칙에 따라 양(+)의 회전 방향이나 음(−)의 회전 방향 또는 좀더 쉽게 시계 방향이나 반시계 방향으로 부르게 될 것이다. 참고로 오른손법칙은 오른손 손가락 네 개를 접을 때 엄지손가락이 향하는 방향을 가리키며, 외선순환은 시청에서 합정 방향으로 가니까 오른손 엄지손가락이 하늘(양의 방향)을 향하므로 양의 회전 방향이 되고 합정에서 시청 방향으로 가는 내선순환은 음의 회전 방향이 된다.

우리나라 말은 사물을 수식하는 형용사는 풍부한데 비해 대상을 지칭하는 명사는 부족하다. 특히 객관적인 사물이나 현상을 설명하는 과학기술적 용어는 빈약하기 짝이 없다. 그나마 과학기술 분야에서 사용되는 개념이나 용어들을 잘 발굴하면 일상에서 요긴하게 사용할 수 있는 기호나 용어들을 만들어낼 수 있을 것이다. 또 이공계 사람들과 아닌 사람들과의 소통을 위해 과학적 개념과 접근방법, 논리적 용어들을 서로 공유한다는 의미도 있겠다.

5
10진법
프랑스 혁명정부의 시간 단위

지구는 태양 주위를 공전하는 동시에 자전을 하고 있다. 사람들은 태양이 일정한 시간 간격으로 뜨고 지는 사실로부터 시간 척도의 기준이 되는 '하루'를 정하고 있다. 엄밀하게 하루의 길이는 태양이 남중해서 다음 남중할 때까지의 시간으로 정한다.

프랑스혁명 직후 프랑스 정부는 하루를 24시간으로 나누는 것이 마음에 들지 않았다. 길이, 질량 등 다른 단위들은 모두 10진법을 쓰면서 유독 시간만은 60진법을 쓰는 것이 논리적인 프랑스 사람들에게는 매우 불편했다. 그래서 결국 시간에도 10진법을 적용하기로 했고, 하루를 10시간, 1시간은 100분, 1분은 100초로 하기로 했다. 그야말로 시간 단위계에도 혁명이 일어난 것이다.

그동안 하루를 24시간으로 했던 데에는 특별한 이유가 있어서라기보다 과거 수학이 발달했던 메소포타미아 지방 사람들이 유난히 12진법과 60진법을 좋아했기 때문이다. 생각해보면 동아시아의 한국이나 중국에서도 하루를 12경으로 했었다. 동양이나 서양이나 할 것 없이 손가락은 열 개를 가진 사람들이 어째서 하루는 12경 또는 24시간으로 나누었는지 불가사의하다. 물론 12나 24가 2, 3, 4, 6, 8 등 많은 공약수를 가지고 있다고는 하지만 말이다.

　　프랑스는 현재 세계적으로 널리 사용되고 있는 SI 단위계의 원조국가답게 비록 몇 년 가지 않아 실패는 했지만, 시간 표기에도 10진법을 시도했다. 프랑스 사람들의 혁명시계에 따르면 하루는 10시간이고, 자정은 0시, 정오는 5시다. 시계바늘은 하루에 한 바퀴 돌기 때문에 바늘의 방향이 곧 태양의 방향을 가리킨다고 생각하면 된다. 수평선을 기준으로 하면 일출시간은 대략 2.5시고 일몰시간은 7.5시다. 사람들은 3시에 출근하며 5시에 점심을 먹고 7시쯤 퇴근한다. 근무시간이 9-5[nine to five]가 아니라 3-7[three to seven]이 된다. 취침시간은 보통 9시 정도, 기상시간은 대략 2시

10진법 아날로그 시계　　　　　　　10진법 디지털 시계

무렵이다.

10진법 시간 단위에서 디지털 시계는 다섯 자리 수로 만들어진다. 예를 들어 5,67,89라고 표시하면 5시 67분 89초라는 의미고, 567.89분 또는 56789초로도 이해할 수 있다. 여기서 분과 초는 단순히 자릿수에 불과하다. 시계로 사용되는 디지털 전광판과 다섯 자리를 갖는 일반 전광판이 다를 바 없다. 하루가 저물면 시계는 9,99,99를 가리키고, 다음날로 넘어가면서 0,00,00이 된다. 사실 우리가 가지고 있는 시간에 관한 고정관념을 버리고 10진법의 관점에서 생각하면 99 다음에 00이 되는 것이 자연스럽지, 지금의 시계처럼 59 다음에 00이 되면 오히려 기이하다.

10진법 시간 단위를 쓰면 단위환산이 무척 쉬워진다. 현재의 시간 시스템에서는 시속을 분속으로 환산하려면 60으로 나눠야 하고, 초속으로 환산하려면 다시 60으로 나눠야 한다. 시속 60km/h는 1km/min이고, 초속으로는 16.67m/s다. 속도뿐 아니라 시간과 관련하여 시간당 유량이나 시간당 열량 또는 회전속도 등의 단위를 다른 단위로 환산할 때 60을 곱하고 3600으로 나누는 작업은 불편하기 짝이 없다. 이런 불편함 때문에 학생들이 중요한 내용에 집중하지 못하고 시간만 허비하는 경우가 허다하다. 심지어 수학이나 과학에 흥미를 잃어버리는 경우도 있다.

10진법 시간 시스템에서라면 1.234킬로미터가 1234미터인 것처럼 1.2345H는 123.45MIN이고 12345S다. 여기서 H, MIN, S는 10진법의 시간, 분, 초를 의미한다고 하자. 따라서 복잡한 시간 단위 환산도 쉽게 할 수 있다. 새로운 시간 시스템에서 시속 60km/H는 자릿수만 옮겨서 0.6km/MIN이 되고 초속으로는 0.006km/S, 즉 6m/S가 된다. 'm' 앞에 접두어 킬로를 붙일 때 자릿수만 옮기면 되는 것처럼 초에서 두 자리 옮겨서 분, 또 두 자리 옮겨서 시간으로 바꾸면 된다. 굳이 유효숫자를 다시 계산할 필요가 없다.

뿐만 아니라 SI 단위계 원칙에 따라 시간에 대해서도 접두어•를 적용할 수 있다. 1H는 10^2MIN, 1MIN은 10^2S이므로 1H는 1헥토^{hecto} MIN, 1S는 1센티^{centi} MIN이라 할 수 있다. 또 하루는 1킬로^{kilo} MIN이고 1MIN은 1밀리^{mili} 하루다. 만일 하루를 10시간, 1시간을 100분, 1분을 100초로 나누는 것이 불편하다면, SI 단위계의 원칙에 따라 하루를 1000으로 나누고 그것을 또 다시 1000으로 나누는 2단계의 완전히 새로운 시간 단위를 생각해볼 수도 있다.

공학에서뿐 아니라 일상생활에서도 오래전부터 사용되어오던 관용단위가 거의 사라지고 있다. 고기 무게를 재는 근, 금 무게를 재는 돈, 땅 면적을 나타내는 평 등의 관용단위는 모두 SI 단위로 바뀌고 있다. 하지만 유독 시간만큼은 24시간, 60분, 60초에 근거하고 있으며, 앞으로 어떠한 혁명이나 전쟁이 일어날지라도 바뀔 것 같지 않다. 어쩔 수 없이 공대생들은 오늘도 그리고 앞으로도 계속해서 시속을 초속으로, 시간당 풍량을 분당 풍량으로, 분당 열량을 초당 열량으로 환산하느라 많은 시간을 보내야 할 것 같다. 단위환산에 지쳐 있는 공대생들을 생각하면서 잠시 몽상을 해보았다.

SI 단위계의 접두어

접두어는 1,000배를 기본으로 한다. 사이값인 10, 100, 0.1, 0.01배를 나타내는 d(데시), c(센티), da(데카), h(헥토)도 정의하고 있으나 공학에서는 사용을 권장하지 않는다.

작은 숫자에 사용되는 접두어			큰 숫자에 사용되는 접두어		
이름	접두어	의미	이름	접두어	의미
데시 ^{deci}	d	10^{-1}	데카 ^{deka}	da	10^{1}
센티 ^{centi}	c	10^{-2}	헥토 ^{hecto}	h	10^{2}
밀리 ^{milli}	m	10^{-3}	킬로 ^{kilo}	k	10^{3}
마이크로 ^{micro}	μ	10^{-6}	메가 ^{mega}	M	10^{6}
나노 ^{nano}	n	10^{-9}	기가 ^{giga}	G	10^{9}
피코 ^{pico}	p	10^{-12}	테라 ^{tera}	T	10^{12}
펨토 ^{femto}	f	10^{-15}	페타 ^{peta}	P	10^{15}

6
시간상수
뚝배기와 양은냄비

뜨거웠던 커피는 시간이 지나면서 차츰 식는다. 처음에는 빨리 식지만 차츰 식는 속도가 더뎌진다. 한 시간쯤 지나면 주변온도와 거의 같은 미지근한 상태가 된다. 마찬가지로 물을 끓인 커다란 주전자도 시간이 지나면서 차츰 식는다. 주전자가 커피보다 식는 속도는 느리지만 둘 다 초기에 급격하게 변화하는 지수함수 형태의 냉각 패턴을 보인다. 여기서 주전자가 식는 속도와 커피가 식는 속도를 비교하려 한다면 뭔가 기준이 필요하다. 그래서 시간상수(또는 시정수)라는 개념이 등장한다.

시간상수time constant는 계측기의 반응시간이나 전기회로의 응답 특성을 나타내기 위해 이용되는 중요한 공학적 개념으로 초기 변화에 따른 과도상태transient state가 사라지고 새로운 환경에 적응하는 데 필요한 시간의 길이를 나타낸다. 간단히 말해 어떤 물체가 주변환경의 변화에 얼마나 빠르게 반응하는지를 나타낸다. 따라서 앞서 얘기한 주전자의 시간상수는 크고, 커피잔의 시간상수는 작다고 말할 수 있다. 또 다른 예로 쉬 더워지고 쉬 식는 양은냄비는 시간상수가 작고, 더디게 더워지고 더디게 식는 뚝배기는 시간상수가 크다고 말할 수 있다.

뜨거운 물체는 주변과의 온도차 때문에 열을 빼앗기면서 온도가 내려간다. 시간에 따라 온도가 떨어지는 양상은 간단한 미분방정식의 해인 다음과 같은 지수함수로 구할 수 있다. 상세한 유도과정은 이 장 뒷부분에 따로 소개했으니 관심 있는 독자는 참고하기 바란다.*

$$T(t) = T_s + (T_0 - T_s) e^{-t/\tau}$$

여기서 T_o는 초기온도, T_s는 주변온도다. 그리고 눈여겨봐야 할 것이 있다. e의 어깨 위에 있는 τ(타우)다. τ는 $\dfrac{mC_p}{hA}$로서 질량m과 비열C 그리고 열전달계수h와 표면적A의 조합이다. 이 τ는 시간의 차원(시간의 단위)을 가지며 상수이기 때문에 시간상수라고 한다. 조금 복잡해 보이지만 어려운 건 없으니 천천히 따라오길 바란다.

주전자나 커피나 모두 초기온도 T_o(예를 들어 90도)에서 시작해서 시간이 지남에 따라 온도가 내려가는데, 냉각속도는 점차 느려지다 결국은 주변온도 T_s(예를 들어 20도)에 가까워진다. 그러면 초기의 온도차 ($T_o - T_s = 70$도)는 점점 줄어들다가 결국은 주변과의 온도차가 0도가 된다. 시간상수는 주변과의 온도차($T - T_s$)가 처음 주어진 온도차(70도, 100퍼센트)에서부터 줄어들기 시작해 초기 온도차의 37퍼센트가 되는

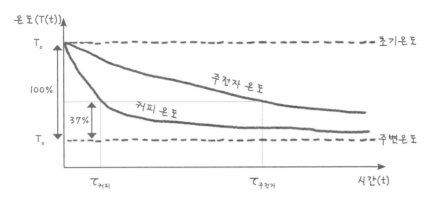

주전자보다 커피의 온도가 빨리 식는다

데 걸리는 시간에 해당한다. 그런데 왜 하필이면 37퍼센트일까?

$e^{-t/\tau}$에서 t 대신 τ를 넣으면 e^{-1}이 된다. 그리고 e^{-1}의 값이 0.368이다. 그래프에서 온도차가 37퍼센트에 도달하는 시점까지의 시간이 곧 시간상수다. 온도곡선이 오른쪽으로 늘어지는 주전자가 시간상수가 크다. 그래프를 보면 알 수 있듯이 주변과의 온도차가 0이 되려면 이론적으로 무한대의 시간이 걸린다. 따라서 과학자들은 온도차가 e^{-1}이 되는 지점을 시간상수로 하기로 정했다.

'시간'은 흘러가는 변수이기 때문에 t로 표현하지만, '시간상수'는 시간의 길이라는 의미로서 변수가 아닌 상수이기 때문에 t와 구분하여 그리스 문자 τ로 표현한다. '공간좌표' x는 변수지만, '거리'는 공간의 길이를 나타내는 상수인 것과 같은 맥락이다. 시간 뒤에 상수라는 말을 붙이지 않으면 변수로 이용되는 '시간'과 구별이 되지 않는다. 커다란 주전자는 시간이 크고, 작은 커피잔은 시간이 작다고 하는 것은 말이 되지 않는 것처럼 말이다.

시간좌표에서 '시간'과 '시간상수'를 구별하는 것은 공간좌표에서 '위치'와 '크기'를 구별하는 것과 같다. 크기가 크고 작은 것이 물체의 고유한 특성이듯 시간상수가 크고 작은 것 역시 그 물체의 고유한 특성이다. 시간이 지난다고 또는 위치가 바뀐다고 물체의 시간상수나 크기가 바뀌지는 않는다. 시간상수나 크기 모두 물체 고유의 상수다.

시간상수는 공학에서 매우 중요하게 쓰이는 개념이다. 예를 들어 센서의 시간상수는 센서의 동적 특성, 즉 시간에 따른 변화 정도를 나타내는 변수로서 센서의 응답성 또는 추종성을 나타낸다. 빠르게 변화하는 양을 측정하려면 시간상수가 작은, 그러니까 반응속도가 빠른 센서를 써야만 그 변화를 충실히 따라갈 수 있다. 수천 rpm으로 회전하는 내연기관 피스톤 내의 온도 변화를 측정하려는데 온도계의 반응속도가 느리면 빠르게 변화하는 온도를 제대로 측정할 수 없다. 체온계를 겨드랑이에 꽂아놓고 한참 기다리는 것도 체온계의 시간상수 이상으로 반응할 시간을 충분히 주기 위해서다.

사람이 반응하는 것도 비슷한 구석이 있다. 양은냄비처럼 시간상수가 작은 사람이 있는가 하면 뚝배기처럼 시간상수가 큰 사람이 있다. 시간상수가 작은 사람은 외부로부터 자극을 받으면 금방 반응을 보이다가 시간이 지나면 언제 그랬냐는 듯 금방 잊는다. 반면 시간상수가 큰 사람은 처음에는 무덤덤하다가 늦게 반응을 보이기 시작하고 또 잊는 것도 오래 걸린다. 하지만 시간상수에 따라 다소 차이가 있을지언정 시간이 지남에 따라 초기에 강렬했던 자극은 서서히 기억 속으로 사라진다. 시간이 약이다.

시간에 따른 온도감쇠 양상

뜨거운 커피나 주전자를 놔두면 주변 공기와의 온도차 때문에 열을 빼앗긴다. 이때 주변으로 빼앗긴 시간당 열량Q은 주변과의 온도차T-Ts에 비례하고, 표면적A과 표면 열전달계수h에 의해서 결정된다. 여기서 T_o는 초기온도, T_s는 주변온도, T는 우리가 알고자 하는 커피 또는 주전자의 온도로서 시간 t에 따라 변하는 함수다.

$$Q = hA(T - T_s)$$

또 빼앗긴 열량만큼 커피나 물의 내부에너지가 감소한다. 즉 시간당 빼앗긴 열량Q은 내부에너지의 시간당 감소율과 같다.

$$\frac{d}{dt}(mC_b T) = -Q$$

여기서 m과 C_p는 물의 질량과 비열이다. 이 두 식을 연립하면 다음과 같이 온도 $T(t)$에 관한 1차 미분방정식이 된다.

$$mC_b \frac{dT}{dt} + hA(T - T_s) = 0$$

여기서 온도를 무차원하여 온도 y를 $\dfrac{T - T_s}{T_o - T_s}$ 라고 정의하면 위의 식은 다음과 같이 매우 간단한 1차 미분방정식이 된다.

$$\tau \frac{dy}{dt} + y = 0$$

$\tau = \dfrac{mC_p}{hA}$ 는 상수들로 이루어진 상수 덩어리로서 시간 단위를 갖는다. 따라서 이를 시간상수라고 한다. $t=0$일 때 초기온도는 T_o이므로 초기값 y_o는 1이다. 따라서 미분방정식의 해를 구하면 다음과 같은 단순한 지수함수가 된다.

$$y = e^{-t/\tau}$$

결과를 다시 온도로 환원하여 표현하면 다음과 같이 된다.

$$T(t) = T_s + (T_o - T_s)\, e^{-t/\tau}$$

이렇게 1차 미분방정식으로 설명되는 시스템을 1차 시스템이라고 한다. 1차 시스템의 특성은 온도계로 온도를 측정하는 과정뿐 아니라 공간 내 농도측정 과정과 RC회로에서 전압을 측정하는 과정에서도 똑같이 나타난다. 급작스럽게 외부 전압이 주어지면 회로 내 전압이 지수적으로 변화한다. 이때의 시간상수는 저항값 R과 정전용량 C에 의해 결정된다. 다음 그림과 표는 온도 시스템과 RC회로 시스템을 비교한 것이다.

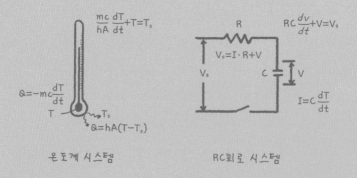

온도계 시스템   RC회로 시스템

	온도계 시스템	RC 회로 시스템
시간상수, τ	$\tau = \dfrac{mc}{hA}$	$\tau = RC$
함수, $f(t)$	$T(t)$: 온도계가 읽는 온도	$V(t)$: 커패시턴스의 전압
인가된 함수값, f_s	T_s: 주변온도	V_s: 입력 전압
초기 함수값, f_0	T_0: 초기온도	V_0: 초기전압
해 solution	$y = \dfrac{T - T_s}{T_0 - T_s} = e^{-t/\tau}$	$y = \dfrac{V - V_s}{V_0 - V_s} = e^{-t/\tau}$

7
크기변수와 세기변수
큰 놈과 센 놈

과학기술 분야에서 사용되는 여러 가지 물리변수들을 살펴보면 양의 많고 적음과 직접적으로 관련된 변수들이 있는가 하면 양의 많고 적음과 무관한 변수들이 있다. 전자를 양에 따른다는 의미에서 종량적 변수 extensive variable 또는 크기변수라 하고, 후자를 강성적 변수intensive variable 또는 세기변수라고 한다.

크기변수는 물체의 무게, 운동량, 열량, 에너지와 같이 질량에 비례해 커지는 물리량들이고, 세기변수는 온도, 농도, 밀도, 비열처럼 질량과는 관계없는 물리량들이다. 바닷물이 짠 정도, 즉 소금의 농도는 바닷물의 많고 적음에는 무관하다. 바닷물의 양이 두 배가 된다고 해서 두 배로 짜지는 것은 아니다. 따라서 소금 농도는 세기변수다. 반면 바닷물에 들어

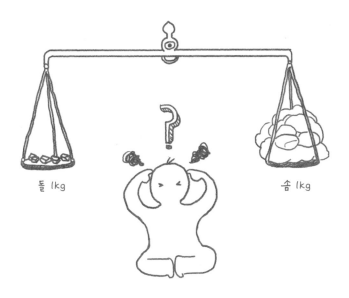

돌 1kg   솜 1kg

있는 소금의 양은 크기변수다. 바닷물이 두 배가 되면 포함되어 있는 소금의 양도 두 배가 되기 때문이다.

크기변수는 서로 가산적이다. 다시 말해 서로 합하거나 뺄 수 있다. 하지만 세기변수는 그렇지 못하다. 70도짜리 뜨거운 물 1킬로그램과 10도짜리 차가운 물 1킬로그램을 합치면 총 질량은 1＋1＝2킬로그램이 되지만, 온도는 70＋10＝80도가 아니라 40도의 미지근한 물이 된다.

돌 1킬로그램과 솜 1킬로그램 중 어느 것이 더 무거운가 물어보는 썰렁 개그가 있다. 어느 쪽이 무거울까? 똑같다. 이런 썰렁 개그에 당하지 않으려면 세기변수를 비교해야 한다. 돌과 솜의 밀도, 다시 말해 단위 부피당 질량을 비교하거나 밀도의 역수인 비체적, 다시 말해 단위 질량당 부피를 비교해야 한다.

열역학이나 유체역학에서는 에너지와 엔트로피 등 여러 가지 물리변

여러 가지 크기변수와 세기변수

크기변수			세기변수		
변수	기호	단위	변수	기호	단위
질량	m	kg	단위 질량당 질량	1	−
운동량	$\vec{M}=m\vec{v}$	kg·m/s	단위 질량당 운동량 (=속도)	$\vec{v}$	m/s
체적	V	m^3	비체적(=밀도의 역수)	v	m^3/kg
내부에너지	U	J	비내부에너지	u	J/kg
엔탈피	H	J	비엔탈피	h	J/kg
엔트로피	S	J/K	비엔트로피	s	J/K/kg
열용량	C	J/K	비열	c	J/K/kg

수들을 다룬다. 전체적인 양을 따질 때는 크기변수를 그대로 쓰는 것이 이해하기 쉽다. 그렇지만 질량에 무관하게 단위 질량당 양으로 변환하면 편리할 때가 많다. 사실 모든 크기변수는 자신의 질량으로 나누면 세기 변수가 된다. 크기변수인 체적을 질량으로 나누면 단위 킬로그램당 체적 인 비체적이 된다. 비체적은 밀도의 역수로서 세기변수다. 또 크기변수인 운동량을 질량으로 나누면 역시 세기변수가 된다. 운동량을 질량으로 나 누면 다름 아닌 속도가 되는데, 따라서 흥미롭게도 속도는 단위 질량당 운동량, 즉 '비'운동량이라는 세기변수로 이해할 수도 있다.

열역학 교과서에는 온도와 압력에 따른 증기와 냉매 등의 물성치 property 표가 실려 있다. 이 표에는 모든 양들이 세기변수로 표기되어 있 다. 단위 질량당 체적(비체적), 단위 질량당 에너지(비에너지), 단위 질량 당 엔트로피(비엔트로피) 등이다. 여기서 '비比, specific'란 '단위 질량당'이라 는 의미다. 초등학교 때 배운 비중, 비열 등도 상대적인 비교를 나타낸다 는 표현인 '비'를 포함하고 있으며 역시 세기변수다. 이밖에도 각종 성질들, 예를 들어 점성계수, 탄성계수, 열팽창률 등도 모두 원래부터 질량과는 무관한 세기변수들이다.

크기특성과 세기특성은 업무에도 적용된다. 업무에 필요한 인력의 양을 가늠할 때 맨아워man-hour라는 단위를 사용한다. 맨아워란 한 사람이 한 시간 동안 할 수 있는 일의 양을 말한다. 사람 수와 일하는 시간에 비례해 많은 일을 할 수 있다고 가정한 것이다. 일상적이고 기계적인 일은 종량적 특성을 가지므로 맨아워로 표시할 수 있다. 사무업무를 영리하게 처리해서 남들보다 빨리 끝내거나 공사현장에서 힘과 요령이 좋아 남들보다 많은 일을 할 수 있다면 시간당 단가 또는 효율성이라는 개념으로 그것을 평가해준다.

하지만 고도의 분석과 판단을 요하는 일이라든지 예술적 창작 같은 경우라면 맨아워가 별 의미가 없다. 음악적 재능이 없는 사람들 여럿이 모여 오랜 시간을 보낸다고 베토벤 교향곡 같은 곡이 작곡되지는 않는다. 여러 사람이 밤새워 그린다고 피카소의 작품 같은 그림을 그릴 수는 없다. 그럴 수만 있다면 우리나라 사람들은 벌써 노벨 과학상 여러 개는 받고도 남았을 것이다. 고도의 지적능력이나 창작능력을 요하는 일은 세기특성을 갖기 때문이다. 이런 일에는 시간을 오래 보내는 것이 큰 의미가 없다. 잠깐을 하더라도 집중력 있게 하는 것이 중요하다.

이 세상에는 큰 것도 있고 센 것도 있다. 크다고 반드시 센 것은 아니며 세다고 반드시 큰 것도 아니다. 덩치만 클 뿐 물렁하고 약한 놈이 있는가 하면, 크기는 작더라도 단단하고 강한 놈이 있다. 큰 놈과 센 놈을 구별하자.

8
정량분석과 정성분석
새빨간색과 255,0,0

이공계 사람들은 정량적인 것을 좋아한다. 부정확하고 애매모호하게 말로 얼버무리는 것도 싫어하고 무엇이든지 객관적이고 확실하게 숫자로 나타내는 것을 좋아한다. 정량定量적이라는 말은 영어로 quantitative인데 '양'을 가리키는 quantity의 형용사다. 이와 비교되는 정성定性적이라는 말은 qualitative로서 '질'을 가리키는 quality의 형용사다.

정성적인 방식은 어떤 사실을 설명할 때 자료의 성질이나 특징을 말로 풀어서 표현하며 인지의 정도나 감각의 정도 등과 같이 계량화하기 어려운 경우에 쓰인다. 이에 비해 정량적인 방식은 자료를 수량화하여 표현하며 과학적 연구의 기본이 된다.

예를 들어 날씨가 춥고 더운 정도를 온도로 표현하고, 바람이 세고 약한 정도를 풍속으로 표현하면 정량적인 방식이다. 색상을 표현할 때 그냥 빨갛다고 말하면 정성적으로 표현한 거지만, 이 색깔을 표준화된 색상표의 고유번호나 RGB^{Red-Green-Blue} 숫자로 표시하면 정량적으로 표현한 것이다. 또 다른 예로 고객들이 얼마나 만족했는지는 원래 정성적인 변수다. 하지만 단계 척도를 파악할 수 있는 설문조사를 통해 만족도라는 정량적인 데이터로 만들 수도 있다.

정성분석이나 정량분석이라는 말은 원래 화학에서 나온 용어다. 정성분석이란 물질에 포함되어 있는 성분이나 성질을 밝히기 위한 것이고 정량분석은 성분의 구성비와 성질의 양적 특성을 밝히기 위한 것이다.

일반적으로 과학기술 분야에서는 정량적 접근방법을 주로 사용하고 인문사회 분야에서는 정성적인 접근방법을 사용한다. 요즘 들어 인문학을 인문과학, 사회학을 사회과학이라고 하는데 이는 인문사회학적 현상이나 특성도 가급적 정량화된 데이터로 표현하고 객관화된 연구방법을 사용해 연구하기 때문이다. 반대로 주로 정량적인 접근방법을 사용하는 과학기술 분야에서 정성적인 접근방법을 사용하는 경우도 흔하다.

정성적인 방법과 정량적인 방법은 서로 다르지만 상호보완적인 관계에 있다. 특별한 경우에는 두 개의 접근방법이 동시에 이루어지기도 하고 순차적으로 이루어지기도 한다. 일반적으로는 정성적인 접근을 통해 전반적인 특성을 규명한 후 정량적 접근방법을 써서 보다 상세하게 정보를 계량화한다. 정성적 방법이 왜^{why}나 어떻게^{how}에 관심을 가지고 이론이나 패턴을 처음 만들어내는 데 적합하다면, 정량적 방법은 얼마나^{how much}에 초점을 맞추기 때문에 만들어진 모델이나 이론을 검증하는 데 적합하다. 정성적 방법이 미지의 세계를 향해 처음 길을 닦는 것과 같다면

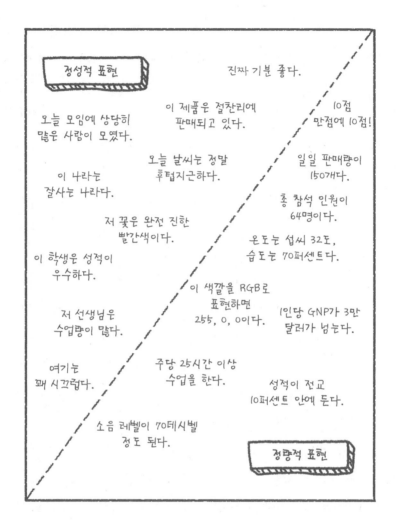

정성적 표현과 정량적 표현

정량적 방법은 그 길을 확인하고 넓히는 역할을 한다고 할 수 있다.

요즘에는 객관적인 것을 선호하다 보니 모든 것들을 정량화하려는 경향이 있다. 심지어 정량화하기가 적절하지 않은 경우에도 억지로 정량화

구분	정성적 방법	정량적 방법
연구목표	이론이나 모델 제시	이론이나 모델의 검증
연구질문	추상적이고 개방적	이론에 근거한 구체적인 가설
질문 형태	개방형 질문	폐쇄형 질문
관심 대상	왜, 어떻게	얼마나
역할	미지의 세계로 길을 닦는 역할	길을 넓히고 개선하는 역할
분석자료	텍스트나 이미지 (설명자료, 관찰자료 등)	수치적 자료 (실험 데이터, 통계자료 등)

하려고 한다. 숫자로 표현되면 상대적인 비교가 가능하고 객관성이 있는 것처럼 보이기 때문에 사람들은 곧잘 속아넘어가고는 한다. 역으로 믿게 하려고 억지로 정량화하기도 한다. 특히 사람을 평가할 때 그런 경우가 많다. 가르친 수업시간의 양으로 교사의 열정을 평가하고, 발표한 논문의 수로 연구자의 실력을 평가한다. 하지만 지나친 정량화는 스스로 함정을 만들 수 있다. 정량화하는 과정에서 정성적인 특성을 제대로 표현하지 못하는 경우가 많기 때문이다.

보통 공학에서는 물리량들을 계량화 또는 수량화하는 정량적 방법을 사용하지만 어떤 경우에는 정성적인 방법으로 현상을 이해하고 경향을 파악해야 하는 경우가 있다. 정성적 방법과 정량적 방법은 동전의 앞뒷면과 같으며 상호보완적 관계라는 사실을 잊지 않아야 한다.

9
선형적 변화
미래를 예측하는 법칙

　'환율과 경제의 함수관계', '운동량과 비만율의 함수관계', '경제성장과 도시환경의 함수관계' 등 일상적으로 함수관계란 표현을 많이 쓴다. 엄밀하게는 함수관계가 아니더라도 서로 관련이 있다는 의미로 사용되고 있다. 수학적으로는 두 변수 A와 B가 있고, A가 주어지면 그에 따른 B가 유일하게 결정될 때 함수관계에 있다고 한다.

　이 함수관계 중에서 가장 단순하고 기본적인 것이 선형線型적 관계다. 선형관계에서는 어떤 양이 바뀌면 거기에 비례해 바뀐 결과가 나온다. 보통 어렸을 때 처음으로 깨닫는 법칙이 바로 이 선형법칙이다. 그때는 그것이 선형인지 뭔지 모르지만 저절로 그 성질을 알게 된다. 아이들은 한 개 1,000원 하는 사탕을 세 개 사려면 3,000원을 내야 한다는 사실을

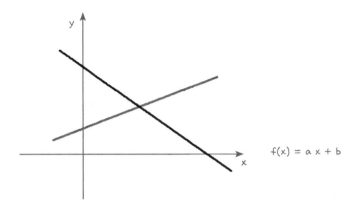

$f(x) = ax + b$

전형적인 선형 그래프인 1차 함수 직선 그래프

어떻게든 깨닫는다. 비례법칙이기도 하고 곱셈의 개념이기도 하다. 하늘을 나는 비행기를 보면 비행기가 잠시 후 어디쯤 날고 있을지 대략 가늠할 수 있다. 방향성을 갖는 직선의 특성을 이해하고 있기 때문이다.

우리가 알고 있는 물리적 관계는 많은 경우 비례관계로 설명된다. 물체에 작용하는 가속도는 그 물체에 가해진 힘에 비례하고($F=ma$), 용수철의 늘어난 길이는 가한 힘의 크기에 비례한다($F=kx$). 또 물체의 온도는 전달된 열량에 비례해 올라가고($Q=mC_pT$), 기체의 부피는 절대온도에 비례해 팽창한다($V=\dfrac{RT}{P}$). 어찌 생각하면 학교에서 배운 관계들 중 비례관계가 아닌 것을 찾기가 어려울 지경이다.

설령 정확한 비례관계가 아니더라도 비례관계로 설명하는 경우도 많다. 특히 인문사회적 관계를 설명할 때 그렇다. 앞서 소개한 경제성장과 도시환경, 운동량과 비만율도 그렇고, 공부한 시간에 비례해 성적이 오른다거나 하루 방문손님 수에 비례해 가게 수입이 늘어난다는 것은 완벽하게 비례관계는 아니지만 대체로 비례적인 상관관계correlation에 있다고 할 수 있다.

어느 학문분야든 상관없이 두 변수들 사이의 관계를 잘 모르면 일단 비례관계로 가정하는 것이 관례다. 옛날부터 수많은 연구자들이 종종 쓰던 수법이다. 일단 가정부터 하고 나서 실험결과들을 관찰하면서 비례관계를 만족시키는 증거들을 찾아나가면 된다. 실험결과를 통해서 비례관계에 대한 가설을 검증하고 여기에 근거해 새로운 법칙을 내놓는 것이다.

그런데 일부 실험결과가 비례법칙에 잘 맞지 않을 수 있다. 그렇다고 어렵게 만든 법칙을 당장 폐기할 필요는 없다. 다음 수법으로 넘어가면 된다. 어떻게 하냐면 비례하는 경우와 비례하지 않는 경우로 나누는 것이다. 맨 처음 제시한 법칙은 비례관계를 잘 만족시키는 결과에만 적용되는 것으로 제한하고 그렇지 않은 경우는 별도로 취급한다고 둘러대면 된다. 즉 잘 맞는 경우와 잘 맞지 않는 경우로 구분하는 것이다.

안심하고 연구를 계속하려는데 비례라고는 해도 결과가 완벽하게 비례하지 않을 수 있다. 그럼 이제 마지막 수법을 동원한다. 비례상수를 상수로 보지 말고 변수로 보라고 하면 된다.

지금까지 알려진 과학법칙들 중에도 이렇게 해서 마련된 법칙이나 관계들이 꽤 많다. 만들어놓고 보니까 꽤 잘 맞고, 그러다 보니 교과서에도 실리는 것이다.

뉴턴은 만유인력뿐 아니라 유체법칙, 냉각법칙 등 수많은 연구업적을 남겼는데, 유체가 가지는 점성계수(끈끈한 정도)에 관해서도 연구했다. 유체의 점성이 무엇인지 정의조차 되어 있지 않던 시절, 일단 그는 유체의 전단응력shear stress(흐르는 유체와 바닥면 사이에 존재하는 수평 방향의 마찰력)이 속도 기울기velocity gradient에 비례한다고 가정했고, 이 둘 사이의 비례상수를 점성계수라고 정의했다. 우리가 흔히 접하는 물이나 공기 같은 유체로 실험해보니 운 좋게도 모두 이 비례관계를 잘 만족시켰다. 기쁜 마음에 그는 이것에 '뉴턴의 점성법칙'이라는 이름을 붙였다.

그런데 계속해서 다른 유체들로 실험을 해보니 이 점성법칙에 맞지 않는 것들이 속속 발견되기 시작했다. 밀가루 반죽이나 케첩, 치약, 페인트 등이 그랬다. 뉴턴은 고민 끝에 두 번째 방법을 쓴다. 물이나 공기처럼 비례의 점성법칙을 만족시키는 것을 뉴턴유체라 하고, 그렇지 않은 것을 비뉴턴유체Non-Newtonian fluid로 구분한 것이다.

그런데 또다른 문제가 있었다. 뉴턴유체의 점성계수는 비례상수, 즉 일정한 값을 갖는 것(상수)이라 했지만 실제로는 일정하지 않고 온도나 압력에 따라서 조금씩 변화하는 것이었다. 뉴턴은 마지막 방법을 써서 비례상수인 점성계수는 온도와 압력에 따라서 변화하는 물성치라고 설명했다. 많이 경험했을 것이다. 추울 때 엔진오일은 끈끈해지고 더울 때는 묽어진다. 즉 온도가 낮아지면 점성계수가 커지고, 온도가 높아지면 점성계수가 작아진다.

이렇듯 처음부터 완벽한 법칙은 없다. 수정하고 보완하면서 보다 정교한 법칙으로 다듬어가면 되는 것이다.

선형관계로 돌아와 이야기를 계속해보자. 기하학적 관점에서 보면 선형성線型性, linearity이란 말 그대로 직선과 같이 일정한 기울기를 가졌다는 뜻이고 같은 방향으로 계속된다는 뜻이다. 우리는 직선으로 표현되는 1차 함수에서 직선이 앞뒤로 끊임없이 쭉 이어지는 성질을 이용해서 그 값을 예측할 수 있다. 똑바로 뻗은 도로가 어디로 이어질지 예측할 수 있고 기울어진 경사면을 따라가면 잠시 후 얼마나 올라갈지 가늠할 수 있다.

중학교에 들어가면 수학시간에 닮은꼴similarity을 배운다. 복잡한 도형들, 특히 삼각형을 이루는 변들에 대해서 이것 대 저것은 요것 대 조것이라고 하면서 변의 길이들 사이에서 일정한 비율을 갖는 대응적 관계를 끄집어낸다. 이 역시 기하학적 상사similarity에 의한 비례법칙이 적용되기 때문에 가능한 일이다.

닮은꼴인 두 삼각형이 있다. 그럼 이 삼각형들의 관계를 밑변 대비 높이의 비가 서로 같은 비례관계(b:h=B:H)로 이해할 수도 있고, 두 삼각형의 크기 비율을 기준으로 두고 각 변의 비가 같은 비례관계(b:B=h:H)로 이해할 수도 있다. 어느 방식으로 이해하건 똑같은 얘기지만 머릿속에서

미래를 예측할 수 있는 선형관계

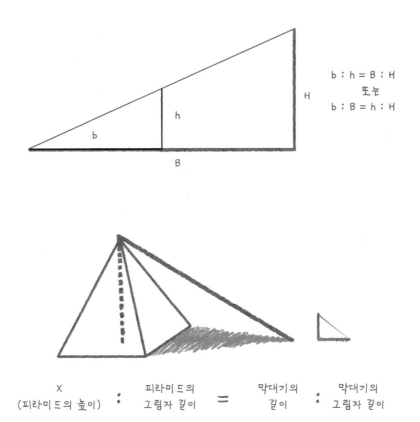

b : h = B : H
또는
b : B = h : H

X
(피라미드의 높이) : 피라미드의 그림자 길이 = 막대기의 길이 : 막대기의 그림자 길이

작동하는 생각의 방식은 다르다. 이러한 기하학적 비례관계를 이용하면 막대의 그림자 길이로 피라미드의 높이를 잴 수 있다. 동일한 원리는 곳곳에서 이용되는데, 공사현장에서 토목 측량기를 들여다보면서 땅의 면적이나 고도를 재는 측량기사들을 종종 볼 수 있다.

공학에는 선형 시스템linear system이란 게 나온다. 선형 시스템이란 입력신호에 대해 출력신호가 선형적으로 나타나는 시스템을 말한다. 두 개의 입력신호 $x_1(t)$와 $x_2(t)$에 대한 출력신호를 각각 $y_1(t)$와 $y_2(t)$라고 할 때

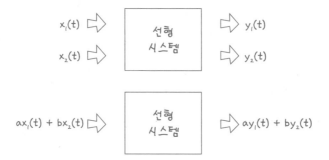

선형 시스템에서는 두 입력신호를 합친 신호 $x_1(t)+x_2(t)$를 입력하면 두 출력신호를 합친 신호 $y_1(t)+y_2(t)$가 출력된다(가산성). 또 일정 배율의 신호가 입력되면 출력신호도 그 배율만큼 증폭된다(비례성).

   이와 같이 선형 시스템에는 가산성과 비례성이 있으며, 따라서 중첩의 원리superposition principle가 적용된다. 중첩의 원리가 적용되면 여러 입력신호들이 복잡하게 얽혀 있어도 간단한 출력신호 몇 개로 정리할 수 있다.

$$f(ax_1(t) + bx_2(t)) = af(x_1(t)) + bf(x_2(t)) = ay_1(t) + by_2(t)$$

   사실 세상에는 비선형적인 것이 훨씬 더 많은데, 우리는 학교에서 선형적인 것만을 배운다. 선형대수학linear algebra에서는 해를 구하기 위해 연립방정식을 행렬matrix 형태로 표현하고, 역행렬, 변환 등 주로 행렬에 관해서 공부한다.* 미분학에서도 오로지 선형 미분방정식만 배운다. 선형 방정식 풀기도 벅차기 때문에 비선형을 배우기는커녕 비선형 대수학이나 비선형 미분학이라는 말도 들어본 적이 없다. 어쩌다 나오는 비선형 문제는 대부분 선형 문제로 변환해서 근사해를 구한다.

최근 유행하는 카오스 이론이 어찌 보면 우리가 접해본 거의 유일한 비선형의 예가 아닌가 싶다. 카오스 현상은 비선형 동역학계에서 나타나는 특이한 현상인데 초기조건이 조금만 바뀌어도 전혀 다른 형태의 결과가 나타난다. 우리에게 친숙한 선형 동역학은 초기조건이 조금 바뀌면 그 연장선상에서 결과도 비례적으로 조금 바뀌지만, 비선형 동역학에서는 미루어 짐작하기 어려울 정도의 황당한 결과가 나타나곤 한다.

우리는 비록 선형적인 것에 익숙하지만, 우리가 모르는 무궁무진한 비선형의 세계가 있다는 사실만이라도 알고 살았으면 한다.

행렬과 선형 연립방정식

행렬을 사용하면 선형 연립방정식을 일일이 나열하지 않고 방정식의
계수들만 묶어서 표현할 수 있어 매우 편리하다.

$$2x+3y=5 \\ 5x+4y=2 \quad \Rightarrow \quad \begin{pmatrix} 2 & 3 \\ 5 & 4 \end{pmatrix} \begin{pmatrix} x \\ y \end{pmatrix} = \begin{pmatrix} 5 \\ 2 \end{pmatrix}$$

하지만 아래와 같은 비선형 연립방정식은 행렬로 표현할 수 없다.

$$2x^2+3y=5 \\ 5x+4y=2 \quad \Rightarrow \quad \mathbf{?}$$

10
보간과 가중평균
엄마 닮았니? 아빠 닮았니?

보간법이란 값을 알고 있는 두 지점 사이에 있는 어떤 지점에서의 값을 구하기 위해서 쓰는 방법이다. 두 값의 평균을 내는 것도 두 값의 중간값을 구하는 보간이다. 포물선 보간법, 다항식 보간법, 스플라인 보간법 등 여러 가지 보간법이 있지만, 가장 단순한 방법은 역시 선형 보간linear interpolation이다. 선형 보간이란 양 끝값을 이은 직선을 따라 선형적으로 중간에 있는 값을 구하는 방법이다.

다음 그래프를 보면 이해가 빠를 것이다. x_1에서의 값을 y_1, x_2에서 값을 y_2라고 할 때 x_1과 x_2 사이에 있는 x에서의 값 y는 y_1과 y_2 사이에서 선형적으로 변화한다고 가정한다. 따라서 (x_1, y_1)과 (x_2, y_2)를 이은 직선의 기울기($\frac{y_2 - y_1}{x_2 - x_1}$)에다 중간 지점까지의 거리($x - x_1$)를 곱한 것을 y_1에

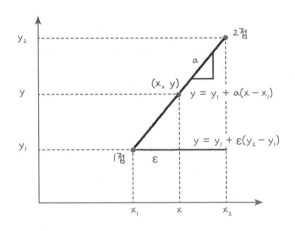

더하면 y의 값을 구할 수 있다.

똑같은 수식이지만 다르게 생각해볼 수도 있다. 전체 거리(x_2-x_1)에 대한 중간 지점까지의 거리$(x-x_1)$의 비율$(\varepsilon=\dfrac{x-x_1}{x_2-x_1})$에 전체 값의 차이$(y_2-y_1)$를 곱해서 y_1에 더하는 방법이다. 닮은꼴의 비례관계를 이용한 것이다. 다른 방법으로 생각하는 것일 뿐 결과는 같다. 이 경우 다음과 같이 쓸 수 있다.

$$y=y_1+\varepsilon(y_2-y_1)$$

이렇듯 두 지점 사이의 값을 구하는 것을 보간법 또는 내삽interpolation 이라 하고, 두 지점 바깥의 값을 구하는 것을 보외법 또는 외삽extrapolation 이라고 한다. 외삽일 경우 구하고자 하는 값 x가 x_1과 x_2 사이에 있는 것이 아니라 x_2보다 크거나 x_1보다 작으므로 전체 값 대비 구하려는 지점에서의 값의 비율인 ε(입실론)이 0보다 작거나 1보다 큰 값을 갖는다.

옆쪽 그래프에서 ε이 0보다 작으면 1점 왼쪽으로 범위를 벗어난 경우고, 1보다 크면 2점 오른쪽으로 범위를 벗어난 경우다.

보간의 개념을 가중평균의 개념으로 이해할 수도 있다. 평균값에는 여러 가지가 있지만 보통 평균이라고 하면 산술평균값을 말한다. 산술평균은 초등학교에서 처음으로 배우는 평균으로 우리에게 익숙하다. 두 값이 있을 때 그 값들을 모두 더해서 2로 나눈다. 두 값을 동등하게 취급하여 계산하므로 공평하게도 딱 가운데 값을 가진다. 그러나 어떤 때는 여러 값들 중 상대적으로 더 중요한 값이 있어 이 값을 가중해서 평균을 내야 하는 경우가 있다. 가중평균이란 각 값들에 원하는 가중치를 곱하여 구한 평균값이다.

아래 식을 보면 y_1과 y_2의 평균을 구하려는데 기여도가 각각 다르다. y_1은 W_1의 기여도를 y_2는 W_2의 기여도를 가진다. 이렇게 서로 다른 기여도까지 평균에 반영하고 싶다면 가중평균을 구하면 된다. 여기서 두 기여도의 합은 반드시 1이어야 한다.

$$\bar{y} = \frac{W_1 y_1 + W_2 y_2}{W_1 + W_2}$$
$$= \frac{W_1}{W_1 + W_2} y_1 + \frac{W_2}{W_1 + W_2} y_2$$
$$= \alpha y_1 + (1 - \alpha) y_2$$

보다 일상적인 예를 들어보자. 흰색 물감을 2, 검은색 물감을 1의 비율로 섞었다. 그러면 흰색의 가중치는 $\frac{2}{3}$, 검은색의 가중치는 $\frac{1}{3}$이 된다. 즉 흰색이 검은색보다 두 배 많으므로 그만큼 가중되어야 한다. 결과적으로 나타나는 색깔은 중간 회색보다 흰색에 가까운 회색이 된다. 이때

선형성이 있다면 중간값도 간단히 구할 수 있다

의 회색은 '$(\frac{2}{3})$×흰색+$(\frac{1}{3})$×검은색'이다.

흰색의 명도를 0, 검은색의 명도를 1이라고 하면, 결과적으로 나타나는 회색의 명도는 $\frac{2}{3}$×0+$\frac{1}{3}$×1＝0.33이다. 이때 각각의 가중치는 0과 1 사이의 값을 갖고 두 가중치의 합은 1이 되어야 한다. 두 값의 가중평균을 구하면 두 값 중에서 큰 가중치가 곱해진 값에 가까운 결과가 나온다.

너는 엄마 닮았니? 아빠 닮았니? 아기를 보면 흔히들 물어보는 말이다. 수치적으로 표현하기는 어렵지만 만약 엄마 60퍼센트, 아빠 40퍼센트를 닮았다면 '아기＝0.6×엄마＋0.4×아빠'로 생각하면 된다. 아기의 생김새나 성격, 특질 등 모든 요소들이 엄마 아빠의 요소를 가중평균한 것이다. 또 공기는 산소 20퍼센트와 질소 80퍼센트가 가중혼합되어 있으

72

므로 '공기＝0.2×산소＋0.8×질소'로 생각한다. 즉 혼합공기의 분자량, 밀도, 비열 등 온갖 성질들은 산소의 성질 20퍼센트와 질소의 성질 80퍼센트를 가중평균하면 되는 것이다. 이런 계산이 반드시 맞는 것은 아니지만 이런 방식이 선형적인 사고법이다.

가중평균을 앞서 설명한 보간문제에도 적용해볼 수 있다. 즉 보간값 y를 y_1과 y_2의 가중평균으로, 가중치를 전체 거리에 대한 중간 지점까지의 거리의 비율인 $\varepsilon = \frac{(x-x_1)}{(x_2-x_1)}$ 과 그의 보수인 $(1-\varepsilon) = \frac{(x_2-x)}{(x_2-x_1)}$ 로 생각한다. 만일 가중치인 이 값이 각각 0.1과 0.9라면 중간 지점은 그래프의 1점 위치에 더 가깝다. 즉 상대적 거리가 1점 위치에서 10퍼센트, 2점 위치에서 90퍼센트 떨어져 있다고 할 수 있다. 가까울수록 많은 영향을 받기 때문에 각각의 가중치를 상대쪽 y값에 곱해준다. 다시 말해 가까운 점의 값 y_1에 가중치 90퍼센트를 적용하고 먼 값 y_2에 가중치 10퍼센트를 적용한다.

$$\overline{y} = \frac{x_2-x}{x_2-x_1}y_1 + \frac{x-x_1}{x_2-x_1}y_2$$
$$= (1-\varepsilon)y_1 + \varepsilon y_2$$

산술평균이라면 두 값이 공평하게 가중된, 즉 두 개의 가중치가 모두 0.5인 경우로 이해할 수 있다. 산술평균을 보간의 관점에서 생각해보면 y_1과 y_2를 더해서 둘로 나누는 것이 아니라 두 값 y_1과 y_2에 각각의 가중치인 0.5를 곱한 후 더하는 것이다. 물론 결과는 같다. 생각의 방식이 다를 뿐이다.

가중평균은 세 개 이상의 값에 대해서도 적용된다.

$$y = \alpha y_1 + \beta y_2 + \gamma y_3$$

y는 세 개의 값 y_1, y_2, y_3의 가중평균값이고 각 가중치는 α, β, γ, 이들 가중치의 합은 1이 되어야 한다.

보간이나 평균은 일상에서 흔하게 쓰이는 개념이라 누구나 잘 알고 있겠지만, 이를 선형성의 연장선상에서 이해할 수도 있다는 점은 새로울 것이다.

11
지수적 변화 1
기하급수의 무서움

등차수열은 1, 2, 3, 4, 5,...와 같이 일정한 차이를 가지고 덧셈적으로 증가하고, 등비수열은 1, 2, 4, 8, 16,...과 같이 일정한 비율에 따라 곱셈적으로 증가한다. 감소할 때도 마찬가지다. 등차적인 변화는 산술적인 변화로서 직선적으로 증가 또는 감소하는 것을 말하며, 등비적인 변화는 기하급수적인 변화로서 지수적으로 증가 또는 감소하는 것을 말한다.

기하급수적인 증가라는 말은 굉장히 급격한 속도로 증가할 때 자주 쓰는 표현이다. 인구 증가, 박테리아 번식, 세포 증식, 원리금 계산, 종이접기, 자장면 뽑기 등 일상에서도 수많은 예를 들 수 있다. 자장면 면발 뽑는 모습을 한번 상상해보자.

중국집 주방장이 수타 자장면을 만드는 과정을 보면, 밀가루 반죽을 한 후 일단 반으로 접어서 한 번 내리치고 다시 반으로 접어 내리치기를 반복한다. 주방장이 한 번 접어서 내리칠 때마다 면발의 수가 두 배씩 늘어난다. 두 가닥을 반으로 접으면 네 가닥이 되고 네 가닥을 접으면 여덟 가닥이 된다. 별 것 아닌 것 같아도 스무 번만 접어서 내리치면 믿거나 말거나 100만 가닥($2^{20} = 10^6$)이 된다. 여기서 열 번을 더 해 서른 번을 접어서 내리치면 무려 10억 가닥($2^{30} = 10^9$)이 된다. 너무 가늘어서 먹을 수 없을 지경이 되는 거다.

종이 접기도 마찬가지다 한 번 접을 때마다 두께가 두 배씩 늘어나므로 여섯 번을 접으면 종이 한 장 두께의 64배가 된다. 보통은 종이뭉치가 너무 커져서 일곱 번 이상 접기가 쉽지 않다고 한다. 가능한 일은 아니지만 자장면처럼 서른 번을 접을 수 있다면 10억 배가 되므로 종이 한 장 두께를 0.1밀리미터라 할 때 그 두께는 100킬로미터가 된다.

이자를 복리로 계산하면 원리금이 매년 일정 비율로 증가한다. 이율이 3.5퍼센트라고 하면 원리금이 매년 1.035배씩 늘어난다는 말이다. 복리로 계산해서 20년이 지나면 내 원리금이 두 배가 된다.

참고로 원리금이 두 배가 되는 데 필요한 햇수를 계산기 없이 암산하고 싶으면 70을 이자율로 나누면 된다. i가 이자율이라면 원리금(원금+이자)은 $(1+i)$가 되고, 원리금이 두 배가 되는 햇수를 구하려면 $(1+i)^n = 2$와 같이 쓸 수 있다. 양변에 자연로그를 취하면 $n = \frac{ln2}{ln(1+i)} \approx \frac{0.7}{i}$이 된다. 따라서 이율이 3.5퍼센트일 경우 $n = \frac{70}{3.5} = 20$년이다. 원리금이 20년마다 두 배가 되므로 40년 후에는 4배, 60년 후에는 8배, 80년 후에는 16배, 100년 후에는 32배가 된다. 100년 후 32배나 되다니 꽤 많아진다.

이자율이 이보다 두 배인 7퍼센트라면 원리금이 두 배가 되는 데 걸리는 기간은 $\frac{70}{7}$ = 10년이다. 따라서 10년 후에 2배, 20년 후에 4배, 100년 후에는 1,024배가 된다. 이율 3.5퍼센트와 7퍼센트는 그 차이가 두 배에 불과하지만, 100년 후 원리금은 무려 32배가 차이난다. 기하급수의 무서움이다.

앞에서 설명한 가장 단순한 선형관계는 x가 늘어남에 따라 y도 차근차근 늘어난다. 선형관계를 $y = ax + b$와 같이 1차 직선식으로 이해해도 좋고, y의 변화량(Δy)과 x의 변화량(Δx)과의 비례관계로 이해하는 것도 좋다. 즉 변화량끼리 비교하는 거다. 이렇게 하면 상수항에 신경쓰지 않아도 돼서 편리하다.

$$\Delta y = a\Delta x$$

x가 Δx씩 증가하면 y는 일정량 Δy만큼씩 증가한다. x의 변화량 Δx가 두 배가 되면 y의 변화량도 $2\Delta y$가 되는 거다. 만약 a가 음수라면 변

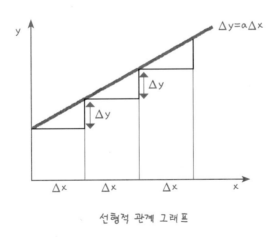

선형적 관계 그래프

화량 Δy는 마이너스가 된다. 여기까지가 선형적 관계다.

이제부터 설명하려는 지수적 관계는 y의 변화'율'($\frac{\Delta y}{y}$)이 x의 변화'량'(Δx)에 비례하는 관계로 이해할 수 있다. 변화율과 변화량은 전혀 다른 개념이다. 혼동하지 않도록 한다. 변화율이란 현재 값에 대해 변화된 양의 비율($\frac{\Delta y}{y}$)이다. x값이 한 단위 증가하거나 감소할 때 y값은 일정량이 아니라 일정 '비율'로 증가하거나 감소한다는 의미다.

$$\frac{\Delta y}{y}=a\Delta x$$

비례상수 a값에 따라서 증가속도가 크게 달라지는데 일정한 '양'씩 꾸준히 증가하는 것에 비하면 엄청난 속도로 증가한다. 일정한 양이 아니라 일정한 '비율'로 증가하면 처음에는 별 것 아닌 것 같아도 가면 갈수록 기하급수적으로 증가하고 어느 순간이 지나면 증가하는 속도가 상상을

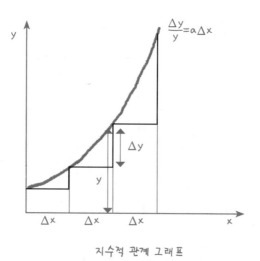

지수적 관계 그래프

78

초월한다.

한편 비례상수 a가 음수일 때는 지수적으로 감소하는 곡선이 되는데 감소하는 곡선에 기하급수적이라는 표현은 잘 쓰지 않는다. 아무튼 지수적인 감소란 일정 값에서 시작해 일정한 비율로 줄어들다 결국은 0이 되는 과정이다. 시간이 경과함에 따라 뜨거운 물과 주변과의 온도차가 0으로 접근하거나 방사성 물질이 반감기를 거치면서 점차 소멸되어가는 과정이 모두 지수적인 감소과정이다. 초등학교 때 배운 반감기$^{half\ life}$란 질량이 감소하여 초기 질량의 절반이 되는 데 걸리는 기간을 말한다. 우라늄은 반감기가 45억 년이고, 문제가 되고 있는 세슘은 30년, 요오드는 8일이다. 즉 우라늄은 45억 년이 지나야 $\frac{1}{2}$로 줄고, 90억 년이 지나면 $\frac{1}{4}$로 준다.

앞에서 시간상수에 대해 설명한 내용을 기억하는가? 반감기도 일종의 시간상수다. 왜냐하면 시간의 차원을 가지며 시간 변수와는 무관한 상수이기 때문이다. 초등학교 때는 지수함수를 배우지 않기 때문에 앞에서 설명한 $e^{-1}(=0.368)$에 근거한 시간상수 대신 0.5에 근거한 반감기를 시간상수로 사용하는 거다. 반감기가 한 번 지나면 50퍼센트(0.5)로 줄고 반감기가 또 지나면 25퍼센트(0.5^2)로 줄고 또 한 번 지나면 12.5퍼센트(0.5^3)로 줄어 반감기만큼 시간이 지날 때마다 절반씩 줄어든다.

지수함수 형태로 변하는 곡선은 증가할 때는 기하급수적으로 위로 치고 올라가고, 감소할 때는 점점 느리게 어떤 값에 접근해 들어가기 때문에 로그 그래프에 그리는 것이 좋다. 로그 그래프는 복잡한 지수 그래프를 친근하고 알기 쉬운 선형 그래프로 바꿔주기 때문이다.*

지수함수를 세미 로그 그래프(x축은 선형눈금, y축은 로그눈금)에 그

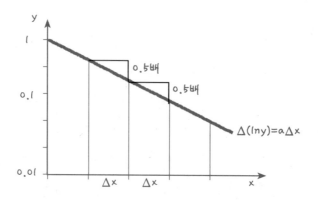

지수함수를 로그 그래프에 그리면 선형 그래프가 된다

리면 직선으로 나타난다. 이때 그려지는 직선의 기울기가 지수함수의 지수에 해당한다. 이렇게 하면 앞서 설명한 y의 변화율($\frac{\Delta y}{y}$)을 y의 로그 변화량 $\Delta(lny)$으로 파악할 수도 있다.

18세기 중반 산업혁명 이후 의학과 농업의 발전으로 평균수명이 급격이 늘어나고 출산율도 높아져 1800년에 전체 인구가 10억 명을 돌파한 이래 1927년 20억 명, 1960년 30억 명, 1974년에 40억 명을 넘어섰다. 1800년 10억 명에 이른 후 127년 만에 인구는 두 배가 되었고, 그 이후 47년 만에 다시 두 배가 되었다. 그야말로 인구폭발이라 할 수 있는 기하급수적인 인구증가다. 우리나라도 예외가 아니었다. 해방 후 1948년 2,000만 명에서 1983년 4,000만 명으로 두 배 증가하는 데 불과 35년밖에 걸리지 않았다. 당시에는 급격한 인구증가가 가져올 사회문제와 지구 환경 문제를 우려하여 강력한 산아제한제도를 실시했다.

그러나 이렇게 기하급수적으로 증가하던 인구도 이제는 감소를 걱정해야 하는 시대에 이르렀다. 격세지감이다. 지수적으로 끝없이 증가할 것

같던 것도 중간에 무슨 이유에서인지 증가율이 꺾이거나 오히려 마이너스로 돌아서면 기하급수적 증가는 고사하고 반감기를 걱정해야 하는 지경에 이르게 되는 것이다.

로그 그래프 눈금 매기기

로그 그래프의 눈금은 등 간격인 디케이드decade로 나뉜다. 디케이드가 하나씩 올라갈 때마다 눈금값은 열 배씩 증가한다. 한 디케이드 내에서 눈금을 매기는 방법은 등 간격이 등 배율이라는 것을 감안하면 된다. 1에서 2는 두 배, 2에서 4도 두 배, 4에서 8도 두 배이므로 간격이 모두 같아야 한다. 또 5와 10도 두 배이므로 1과 2 사이의 거리와 같다.
약식으로 로그 눈금을 그리는 방법을 소개하면 1, 2, 5, 10까지 하나의 디케이드를 3등분 하되, 2와 5는 두 배가 조금 넘으므로 가운데는 사이를 약간 넓게 그린다. 10의 제곱근은 3보다 조금 크므로 3은 1과 10 사이 중심점보다 약간 왼쪽에 위치한다. 또 1과 3까지의 거리는 3과 9까지의 거리와 같다.

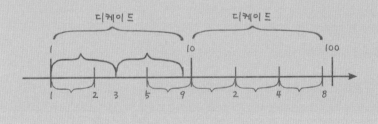

12
지수적 변화 2
상생과 상극

　자연현상이나 사회현상을 살펴보면 서로 반대되는 두 가지 원리가 작용하고 있음을 알 수 있다. 도와주는 원리와 방해하는 원리다. 어떤 변화가 생기면 그 변화를 가속화하여 더욱 심하게 만드는 경우가 있고, 반대로 그 변화를 억제시켜 다시 원상태로 되돌려놓으려는 경우가 있다.

　가속화의 원리는 곧 상생의 원리다. 변화가 가져온 결과가 다시 그 변화를 증폭시키는 방향으로 되메김feedback하는 원리다. 장작에 불을 붙이면 온도가 올라가면서 수분이 증발하고 장작은 건조한 상태가 되어 타기 좋은 조건이 되고, 점점 잘 타면서 온도는 더 올라간다. 온도가 올라갈수록 연소가 활발해지고 연소가 활발해질수록 온도가 오르는 상호 상승작용을 한다. 폭탄도 마찬가지다. 누가 불만 당겨주면 스스로 연소가 가속화되다 결국은 폭발에 이른다. 인간관계도 그렇다. 주변사람을 먼저 잘 대해주면 그도 나를 잘 대해주고, 그러면 서로 잘해주는 상생의 관계가 유지된다.

이런 가속화의 원리가 아래 방향으로 치닫는 경우도 있다. 기업이 이윤을 내지 못하면 시설에 투자할 자금이 없고 투자를 하지 못하니 돈 벌 기회를 갖지 못하면서 한없이 추락한다.

이런 현상을 그래프로 나타내면 지수 곡선처럼 하늘로 치고 올라가거나 땅속으로 곤두박질쳐 내려가는 형태가 된다. 지수함수의 거듭제곱 지수가 양의 값($+a$)을 가질 때는 시간이 갈수록 위로든 아래로든 함수의 기울기가 점점 가팔라진다. 이는 간단한 1차 미분방정식으로 설명할 수 있다.

$$\frac{dy}{dt} = ay$$

미분방정식에서 좌변의 기울기 $\frac{dy}{dt}$ 는 우변에 있는 함수값 y에 비례하므로 a가 양수일 때 좌변의 기울기는 우변의 함수값이 클수록 커진다. 기울기가 커져 함수값이 커지면 기울기도 다시 더욱 커지는 현상이 이어진다. 이를 양의 되메김positive feedback이라고 한다.

한편 세상에는 반대 원리인 안정화의 원리, 다시 말해 상극의 원리도 함께 작용한다. 장작에 불이 붙으면 온도가 무한정으로 올라갈 것 같지만, 어느 정도 오르면 더 이상 오르지 않고 하나의 평형점을 찾아간다. 온도가 올라갈수록 주변으로 빼앗기는 열전달량이 많아지기 때문이다. 더구나 물체가 내뿜는 복사열은 절대온도의 4제곱에 비례하기 때문에 온도

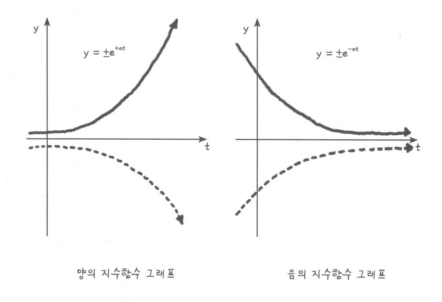

양의 지수함수 그래프   음의 지수함수 그래프

가 올라갈수록 주변으로 빼앗기는 열량은 급격하게 증가한다. 일종의 견제장치가 작동하는 것이다.

자연생태계에서 어느 한 종의 개체가 늘어나면 먹이사슬 내에 있는 먹이는 줄어드는 반면 자신들을 잡아먹는 포식자 수가 늘어나면서 그 종의 증가율을 억제시킨다. 잘나가는 사람은 한없이 출세해 하늘을 뚫고 올라갈 것 같지만, 스스로의 자만심과 주변의 견제로 인해 어느 이상 뚫고 올라가기가 쉽지 않다. 반대로 한없이 추락할 것 같은 주가도 여러 가지 시장원리가 작용하면서 비록 낮을지언정 하나의 평형점을 찾아간다.

이런 경우는 거듭제곱 지수가 음의 값을 갖는 지수함수로 표현되며, 내려가든 올라가든 처음에는 기울기가 급격하지만 갈수록 기울기가 완만해지면서 일정한 값에 접근한다. 앞서 소개한 미분방정식에서 비례상수가 음의 값($-a$)을 가지므로 우변의 함수값 y가 양이면 좌변의 기울기는 음이 되어 함수값을 줄이고, 함수값이 음이면 기울기는 양이 되어 함수값을 키운다. 한쪽 방향으로 움직이려 하면 자꾸 반대 방향으로 억제하면서 원래의 상태로 되돌려놓으려는 것이다.

위든 아래든 극단으로 치닫게 하는 가속화의 원리는 서로 도움을 주는 상생相生의 원리인 동시에 너죽고 나죽자란 상사相死의 원리이기도 하다. 반면 평형에 도달하도록 하는 안정화의 원리는 서로 억제하고 견제케 함으로써 극단으로 치닫는 것을 막아주는 상극相剋의 원리다.

상생이 반드시 좋은 것만은 아니며 상극이 꼭 나쁜 것도 아니다. 상생과 상극은 서로 조화를 이루어야 한다. 오행이론은 우주를 이루고 있는 목, 화, 토, 금, 수가 서로 상생과 상극의 조화를 이루는 순환적 원리를 설명한다. 상생으로 나무는 불을 피우고, 불이 타면 흙이 되고, 흙에서 쇠가 나고, 쇠에서 물이 생기고, 물은 나무를 살린다. 상극으로 나무가 흙을 뚫고, 흙은 물을 막고, 물은 불을 끄고, 불은 쇠를 녹이고, 쇠로 나무를 벤다.

살아가는 데 있어서 우리를 북돋우는 기운도 필요하지만 억제하는 기운도 함께 필요하다. 내가 아는 사람들 중에서 나를 도와주는 사람들은 정말 고마운 분들이지만, 아울러 나를 견제하는 사람들도 없어서는 안 될, 꼭 필요한 고마운 존재들이다.

13

롱테일법칙

긴꼬리가 알려주는 뜻밖의 사건

거듭제곱이란 주어진 수를 여러 번 곱하는 연산을 말하며 이런 함수를 거듭제곱함수 또는 멱함수power function라고 한다. 멱함수는 기본적으로 다음과 같은 형태를 가진다. 이름은 생소할지 몰라도 중학교 때부터 봐온 친근한 함수다.

$$y = x^a$$

여기서 멱수란 거듭제곱하는 지수 a를 가리킨다. 비슷해 보여도 $y = a^x$의 형태인 지수함수와 반드시 구분해야 한다. $y = x^2$이면 이차함수, $y = x^3$이면 3차함수다. 심지어 선형함수까지도 지수가 1인 거듭제곱함수(거듭

되지도 않지만)의 특수한 경우로 이해할 수 있다. 3차식이든 4차식이든 다항식에 포함되어 있는 각 항이 모두 멱함수다. 그런데 여기서 지수 a가 반드시 정수일 필요는 없다. 1.23일 수도 있고, 심지어 π 같은 무리수일 수도 있다. 또 음수일 수도 있다. 이 장에서는 지수가 음수인 멱함수의 관한 얘기를 해보려고 한다. 감소하는 모습이 조금 특별하기 때문이다.

멱수(지수)가 음수일 때는 x값이 증가하면 함수값 y는 감소하여 0으로 접근한다. $a = -1$이면 반비례, $a = -2$면 제곱반비례 관계를 보여준다. a값에 관계없이 공통적으로 0으로 접근하는데 서서히 감소하는 모습이 꼬리가 길게 늘어진 모양과 같다고 하여 롱테일long tail이라고 한다. 또 이러한 함수관계를 보이는 현상에 대해 멱법칙power law이 적용된다고 말한다.

멱법칙이 일반인들에게 널리 알려지기 시작한 것은 복잡계complex system에 대한 관심이 높아지면서부터다. 복잡계 이론이 적용되는 현상이 멱법칙을 보임을 발견한 것이다. 복잡계란 진짜 복잡해서 완전히 무질서한 상태에 있다는 뜻이 아니라 복잡한 가운데서도 어떤 질서가 존재하는 계를 말한다. 복잡계는 많은 수의 요소들로 구성되어 있으며, 이 요소들 사이에서 '비선형적'인 상호작용을 해가며 독특한 집단적인 성질을 보인다.

복잡계 이론은 원래 컴퓨터 통신을 연구하던 중 발견한 어떤 현상 때문에 시작되었다. 1대 1로 하던 통신을 확장해 여러 대의 컴퓨터로 네트워크를 구성했더니 1대 1로 통신할 때와는 전혀 다른, 예상치 못한 네트워크의 복잡성이 창발되는 현상이 나타났던 것이다. 여기서 창발이란 원래 구성요소에는 없던 특성이 상위 계층에서 돌연히 자발적으로 출현하는 것을 말한다.

간단한 예로 SNS 네트워크에 관해 생각해보자. 두 명으로 이루어진 인맥은 너무나 단순하다. 두 사람의 노드(간단히 말해 연결점)가 있고 하나의 연결선이 있을 뿐이다. 이들 사이의 정보는 하나의 연결선을 통해 주거니 받거니 한다. 여러 명이 네트워크를 구성하더라도 두 사람씩 연결하는 것은 마찬가지고 연결선의 수만 많아진다. 아무리 많은 사람이 네트워크를 구성한다고 해도 1대 1로 주고받는 요소적 특성은 달라지지 않는다. 하지만 네트워크가 복잡해질수록 전체적인 구조가 어떻게 구성되어 있느냐에 따라 네트워크의 집단적 특성이 달라진다. 네트워크의 구조란 군대조직처럼 피라미드 조직일 수도 있고 IS 조직처럼 점조직일 수도 있다. 보통의 SNS 조직은 소수의 친구를 갖는 다수(변두리 노드)와 다수의 친구를 갖는 소수(중심 노드)로 이루어진, 단순하게 얘기할 수 없

롱테일 모양을 보이는 태풍의 발생 빈도와 강도와의 관계

는 복잡한 네트워크를 구성한다.

이렇듯 복잡계 이론은 단순한 연결요소들이 커다란 연결망을 구성하고 있을 때 그 연결망의 구조에 따른 복잡한 특성을 연구한다.

복잡계 이론은 컴퓨터 네트워크뿐 아니라 도시를 연결하는 도로망이나 항공망, 세포를 연결하는 신경망, 먹이사슬로 연결된 생태계, 경제 주체로 이루어진 주식시장, 사회를 구성하는 인맥 네트워크 등 복잡하고 거대한 시스템의 구조와 특성을 카오스(혼돈이나 무질서 상태)적인 통계현상으로 설명한다. 복잡계 이론은 물리학, 생물학, 경제학, 사회학 등 과학기술과 인문사회를 넘나드는 다양한 학문분야가 네트워크라는 공통의 관심사를 중심으로 서로 융합하는 좋은 본보기가 되고 있다.

멱법칙에 따른 롱테일현상은 여러 가지 복잡계 현상에서 발견된다.

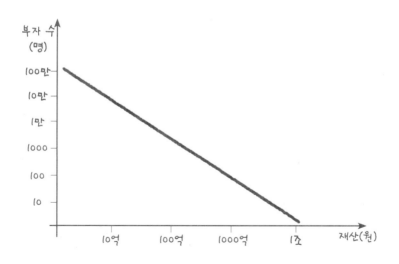

로그 그래프로 본 부자 수와 보유재산과의 관계

태풍이나 지진의 강도에 따른 발생 빈도, 재산 규모에 따른 부자 수, 파편의 크기에 따른 파편 개수 등 데이터를 모아보면 함수값이 서서히 감소하는 것을 볼 수 있다. 방문자가 수백 명인 블로그는 매우 많지만, 수천 명인 블로그는 조금 적어진다. 수만 명인 블로그는 더 적고, 수십만 명인 블로그는 더욱 적어진다. 수백만 명인 블로그는 더 이상 일반인이 아닌 유명인이나 로봇이 운영하는 것일 게다. 그래프 x축에 방문자 수, y축에 블로그 수를 그리면 방문자 수(x)가 많아질수록 큰 블로그 수(y)는 점점 줄어드는 전형적인 롱테일현상을 보인다.

부자 수도 마찬가지다. 10억 원대 부자는 상당히 많지만, 100억 원대 부자는 수천에서 수만 명 정도, 1,000억 원대 이상은 수십에서 수백 명, 1조 원 이상의 부자는 이름만 대면 알 수 있을 정도로 손에 꼽힐 만큼 줄어든다. 그래프 x축에 재산, y축에 부자 수를 그려보면 마찬가지로 전형적인 멱법칙을 보인다.

	관계식	설명	비례관계
1종	$\Delta y = a \Delta x$	y의 변화량이 x의 변화량에 비례 예) x가 1 증가하면 y는 2 증가	선형관계 $y = ax$
2종	$\left(\dfrac{\Delta y}{y}\right) = a \Delta x$ $\Delta(\ln y) = a \Delta x$	y의 변화율(퍼센트)이 x의 변화량에 비례 =로그y의 변화량이 x의 변화량에 비례 예) x가 1 증가하면 y는 2퍼센트 증가	지수관계 $y = a^x$
3종	$\left(\dfrac{\Delta y}{y}\right) = a\left(\dfrac{\Delta x}{x}\right)$ $\Delta(\ln y) = a \Delta(\ln x)$	y의 변화율이 x의 변화율에 비례 =로그y의 변화량이 로그x의 변화량에 비례 예) x가 1퍼센트 증가하면 y는 2퍼센트 증가	멱수관계 $y = x^a$

이런 멱함수와 자주 헷갈리는 게 지수함수다. 그러면 멱함수와 지수함수는 어떻게 다를까? 간단히 말해서 지수함수($y = a^x$)는 지수가 변수, 밑수가 상수인 반면 멱함수($y = x^a$)는 거꾸로 밑수가 변수, 지수는 상수다.

앞서 설명한 바와 같이 지수적 변화가 y의 변화율($\frac{\Delta y}{y}$)이 x의 변화량(Δx)에 비례하는 관계라면, 멱법칙은 y의 변화율($\frac{\Delta y}{y}$)이 x의 변화율($\frac{\Delta x}{x}$)에 비례하는 관계다. 즉 x의 변화율에 비례해 y의 변화율이 결정되는 것이다. 여기서 변화율을 로그값의 변화량($\Delta(lny)$)으로 이해할 수도 있기 때문에 멱함수는 로그y의 변화량이 로그x의 변화량에 비례한다고 이해할 수도 있다.

멱함수 모양을 보면 알겠지만, 비례상수가 a일 때 x가 1퍼센트 변화하면 y는 a퍼센트 변화한다. 이것이 보통 일이 아닌 게 중국의 경제성장률이 우리나라 경제성장률의 두 배라고 하면 중국의 경제규모는 우리나라 경제규모의 두 배가 아니라 제곱에 비례해 증가한다는 의미다.

여기서는 진짜 선형관계를 1종 비례관계라 하고, 지수관계를 2종 비례관계, 그리고 멱수관계를 3종 비례관계로 명명하기로 한다. 선형관계, 지수관계, 멱수관계를 모두 통합된 하나의 비례관계로 이해해보자.

이제 세 가지 비례관계를 그래프에 그려보자. 차이를 여러 각도에서 살펴보기 위해 일반적인 선형 그래프, 세미 로그 그래프, 로그-로그 그래프에 그려봤다. 선형 그래프는 x축에 x값, y축에 y값을 대입한 그래프고, 세미 로그 그래프는 x축에 x값, y축에 로그y값, 마지막으로 로그-로그 그래프는 x축에 로그x값, y축에 로그y값을 각각 대입해 그린 그래프다.

다음 그래프 세 개는 비례상수가 양일 때다. 직선(1종)보다 지수함수(2종)와 멱함수(3종)가 훨씬 빠르게 증가한다. 그중에서도 2종이 역시 기

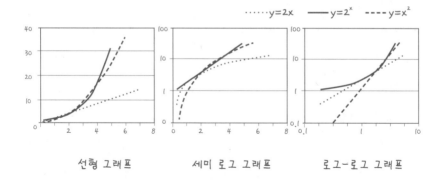

선형 그래프   세미 로그 그래프   로그-로그 그래프

하급수적이라고 불릴 만큼 가장 빠르게 증가한다. x가 작을 때는 지수함수(2종)가 멱함수(3종)에 비해서 서서히 증가하는 것 같다가 x가 커질수록 증가속도가 엄청나게 빨라진다. 지수함수(2종)는 로그y의 변화량이 x의 변화량에 비례하기 때문에 세미 로그 그래프에서 직선으로 나타난다. 또 멱함수(3종)는 로그y의 변화량이 로그x의 변화량에 비례하기 때문에 로그-로그 그래프에서 직선이 된다.

　다음 그래프 세 개는 비례상수가 음수인 감소함수를 보여준다. 선형 그래프에서 지수함수나 멱함수나 모두 꼬리 모양을 그리면서 0에 접근한다. 세미 로그 그래프를 보면 지수함수(2종)는 선형적으로 감소하는 데

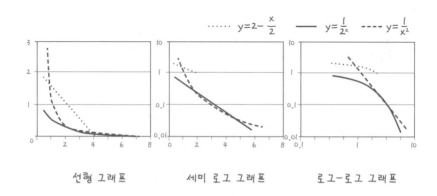

선형 그래프   세미 로그 그래프   로그-로그 그래프

비해 멱함수(3종)은 직선보다 좀 늘어진다. 즉 꼬리가 길다. 이게 멱법칙에 의한 롱테일이다.

지수함수와 멱함수는 공학에서 자주 등장하는 중요한 함수다. 기본적인 성질을 이해하지 못하는 사람은 별로 없겠지만 여러 가지 다른 각도에서 살펴보면 좀더 이해의 폭을 넓힐 수 있을 것이다.

2부

차원이 없는 세상, 흐르는 일상 속에서

1
무차원수와 상사법칙
골치 아픈 변수 줄이기

　스포츠카나 고속철도처럼 속도가 빠른 것들은 특별히 공기역학적 설계가 중요하다. 조금이라도 공기항력을 줄이기 위해 여러 가지 외형을 설계하고 항력 실험을 한다. 실제와 같은 크기로 만들어 실제 상황과 같은 조건에서 실험하면 제일 좋겠지만, 비용과 시간이 많이 들기 때문에 주로 축소모형을 만들어 실험을 한다. 이러한 공학 실험은 자연현상에 대한 가설을 검증하거나 반증하기 위한 여느 과학 실험과 달리 개발과정에서 설계를 검증하고 문제점을 미리 파악하기 위한 실용적인 것이다.

　그런데 축소모형model이 실형prototype과 닮은꼴이라고 해서 반드시 동일한 실험이 되는 것은 아니다. 실험조건을 동등하게 맞춰주어야 한다. 다시 말해 기하학적인 상사에 추가해서 역학적인 상사도 함께 이루어지도록 해야 한다.

역학적 상사란 모형과 실형이 동일한 역학적 조건에 있는 상태를 말한다. 즉 관성력과 점성력 또는 중력 등 모든 힘들의 상대적인 중요성이 동일한 상태에 있는 것이다. 이러한 상사조건이 만족되어야 비로소 모형과 실형의 상사similitude가 이루어졌다고 말할 수 있다.

축구공이나 농구공, 탁구공 등 공들은 모두 구형이기 때문에 기하학적으로 닮은꼴이다. 하지만 이 공들은 크기뿐 아니라 속도가 서로 다르기 때문에 공기항력도 다르고 공 주위의 유체역학적 조건도 서로 다르다. 이들을 비교하려면 기하학적인 상사와 함께 역학적 상사도 이뤄져야 한다. 그럼 역학적 상사는 어떻게 맞출 수 있을까? 여기서는 역학적 조건을 맞추는 상사법칙에 관하여 생각해보겠다.

우선은 주어진 현상에 대한 차원해석dimensional analysis을 수행하는 것에서부터 시작한다. 공에 관한 문제이므로 구sphere형 물체에 대한 유체항력에 관해 차원해석을 하게 된다.

먼저 종속변수인 항력F이 어떤 변수들에 의해 결정되는지 찾아내야 한다. 독립변수로 생각할 수 있는 것은 일단 공의 속도V와 크기d, 유체의 밀도ρ와 점도μ, 그리고 공 표면의 거칠기ε 정도다. 너무 많은 변수를 고려하면 문제가 복잡해질 테지만, 중요한 역할을 하는 변수는 반드시 포함시켜야 한다. 이 과정에서 경험이 중요하다. 아무튼 이를 함수 형태로 쓰면 다음과 같다.

$$F = f(d, V, \rho, \mu, \varepsilon)$$

솔직히 이러한 수식은 아무도 좋아하지 않는다. 인문계 출신이라면 어떤 형태든 수식이라는 것 자체가 싫을 테고, 이공계 출신이라면 구체적인 건 하나도 없고 아무것도 말해주지 않는, 특히 풀 수가 없는 이러한 형태의 수식은 말도 안 되기 때문이다. 그렇지만 이 식으로부터 해를 구할 수는 없어도 할 수 있는 게 있으니 바로 '차원해석'이다.

차원해석을 하면 이렇게 별 의미 없는, 아무것도 할 수 없는 수식의 차원을 들여다보는 것만으로도 어떤 의미 있는 결과를 끄집어낼 수 있다. 여기서 차원이란 직선은 1차원, 평면은 2차원 하는 공간적 의미가 아니라 물리량을 나타내는 단위를 가리킨다. 간단히 소개하자면 지름은 길이의 차원을 갖고([L]), 속도는 길이 나누기 시간 차원을 갖는다([L/T]). 또 거칠기는 길이의 차원을 갖고([L]), 힘은 질량 곱하기 가속도이므로서 [ML/T^3]의 차원을 갖는다. 여기서 특히 [M], [L], [T]는 기본차원으로서 각각 질량, 길이, 시간을 의미한다. 따라서 앞서 나온 각 변수들에 대해서 차원을 정리해보면 다음과 같다.

$[F] = [ML/T^2]$

$[d] = [L]$

$[V] = [L/T]$

$[\rho] = [M/L^3]$

$[\mu] = [M/LT]$

$[\varepsilon] = [L]$

버킹엄의 파이정리Buckingham's Pi Theorem에 따르면, 변수가 총 여섯 개고 기본차원이 세 개이므로 6 − 3 = 3개의 무차원수를 끄집어낼 수 있다. 무차원수란 간단히 말해 방정식 등에서 전체 변수의 개수를 줄이기 위해 관련 있는 변수끼리 이리저리 조합한 수를 말한다. 그래서 무차원수를 이용하면 매우 편리하다. 특히 유체유동 분야에서 무차원수가 많이 사용되고 있는데, 아무래도 유체유동이 유난히 복잡한 현상을 많이 포함하고 있다 보니 그런 듯하다.*

파이정리에 따라 체계적으로 무차원수를 유도하는 방법이 있지만 여기서는 간단하게 '직관적으로 적당히' 조합해서 무차원수를 만들어보기로 한다. 어떻게 해도 상관은 없다.

우선 가장 쉬운 것부터 생각해보자. 거칠기와 지름은 모두 길이 단위이므로 거칠기 ε를 지름 d로 나누면 무차원, 즉 차원이 없어진다. 따라서 첫 번째로 유도된 무차원수 $\Pi_1 = \frac{\varepsilon}{d}$이 되며 물리적으로는 상대적인 표면 거칠기를 의미한다고 할 수 있다. 참 쉽죠?

또 점성계수 μ를 ρ, V, d로 나누면 $\frac{\mu}{\rho V d}$라는 무차원 덩어리, 즉 무차원수가 된다. 무차원수의 역수를 취해도 무차원수이므로 두 번째 무차원수는 역수를 취해서 $\Pi_2 = \frac{\rho V d}{\mu}$로 잡아보자. 이것이 바로 레이놀즈수 Re, Reynolds number다. 이게 뭔가 하고 생소한 독자들이 있겠지만, 레이놀즈수는 유체역학에서 가장 유명한 무차원수로서 점성력에 대한 관성력의 비를 나타낸다. 이 책에도 가끔씩 나오니 기억해둬도 좋다. 아무튼 여기까지 어렵지 않죠?

마찬가지로 항력 F를 ρ, V^2, d^2으로 나눠보자. 그러면 세 번째 무차원수 $\Pi_3 = \frac{F}{\rho V^2 d^2}$가 된다. 이를 무차원 항력계수 C_D라고 정의하겠다. 이렇게 해서 세 개의 무차원수가 유도되었다. 이제 이들 사이의 관계를 우리가 싫어하는 함수 형태로 다시 표현하면 다음과 같다. 여기서 Re는 레이놀즈수를 의미한다.

$$C_D = f(Re, \frac{\varepsilon}{d})$$

복잡해 보이겠지만 그 의미는 의외로 간단하다. 즉 무차원수 C_D는 두 개의 무차원수인 레이놀즈수와 $\frac{\varepsilon}{d}$의 함수라는 의미다. 평범한 표현으로 바꿔보면 '항력계수'는 '레이놀즈수'와 '상대 거칠기'에 의해서 결정된다는 의미가 될 것이다. 다시 말해 각각의 차원 변수들이 어떤 값을 갖든 상관없이 무차원수인 레이놀즈수와 상대 거칠기만 정해지면 무차원 항력계수 C_D가 결정된다는 뜻이다.

따라서 두 개의 공이 크기와 속도가 다를지라도 레이놀즈수가 같고 상대 거칠기가 같으면 동일한 역학적 현상을 보이면서 완벽한 상사가 이루어지며, 그 결과로 나타나는 무차원 항력계수도 같아진다. 만약 공이 매끈하다면 거칠기라는 변수는 사라지므로 항력계수는 유일하게 레이놀즈수에 의해서만 결정될 것이다.

여기서는 맛보기로 간략하게 소개했지만 이 과정이 바로 차원해석이며, 차원해석에 따른 무차원수 유도과정이다. 앞서도 설명했지만 이러한 간단한 작업을 통해 변수의 개수를 줄일 수 있기 때문에 아주 중요하고 유용한 작업이다. 실험이나 해석을 할 때 변수를 한 개라도 줄이면 얼마나 문제가 단순해지고 작업량이 줄어드는지 겪어보지 않으면 모른다. 여기서는 항력을 포함해 총 여섯 개의 변수 중 무려 세 개를 줄여 무차원변수 세 개로 엄청나게 단순해질 수 있었다.

공학적 문제는 셀 수 없이 많으며 각각의 문제들은 각기 다른 다양한 변수들과 관련된다. 복잡한 문제일수록 많은 변수들과 엮여 있다. 조금이라도 영향을 미칠 수 있는 모든 변수를 고려한다면 변수의 개수는 많아질 수밖에 없다. 이럴 때 영향이 큰 변수들을 중심으로 하고 그렇지 않은 변수들을 무시하면 문제를 단순화할 수 있다.

유체항력에 영향을 미치는 변수로는 앞에서 설명한 크기와 속도, 점성 말고도 중력g, 표면장력σ, 회전수f, 음속c 등 수많은 변수들을 추가적으로 고려할 수 있다. 사실 조금이라도 영향을 미칠 수 있는 것들을 알고 있다면 이들 모두를 고려해야 한다. 그러나 이렇게 되면 우리가 싫어하던 함수 형태는 더욱 길어지고 이제는 더 이상 보기도 싫어진다.

$$F = f(d, V, \rho, \mu, \varepsilon, g, \sigma, f, c, \cdots)$$

변수가 하나 늘어날 때마다 무차원수도 하나씩 추가된다. 중력 g가 들어가면 프루드수($Fr = \dfrac{V}{\sqrt{gL}}$), 음속이 들어가면 마하수($Ma = \dfrac{V}{c}$)가 추가된다. 이 무차원수들은 각기 매우 중요한 물리적 의미들을 담고 있다.

많이 알려져 있는 마하수의 경우 1보다 크면 초음속유동, 1보다 작으면 아음속유동이라고 한다. 초음속유동과 아음속유동은 속도가 빠르고 느린 정도의 문제가 아니라 현상 자체가 다르기 때문에 비행기의 외형 설계도 달리 해야 한다. 보통 우리가 타는 여객기는 아음속 비행기로서 앞이 뭉툭한 유선형으로 되어 있다. 멀리 있는 공기에게 비행기가 다가간다는 사실을 음파로 알려서 미리미리 피해가도록 하는 것이다. 공기에 눈은 없지만 음속으로 전달되어오는 압력 변동은 감지할 수 있기 때문이다.

반면 초음속 전투기는 앞에 뾰족한 침을 달고 있다. 초음속 비행기는 음파의 전달속도보다 빠르게 날아가므로 공기는 비행기가 온다는 소식도 듣기 전에 피할 시간도 없이 그대로 비행기와 충돌하고 만다. 갑자기 공기와 충돌하면서 생기는 충격을 최소화하기 위해서 비행기 앞부분을 뾰족하게 만드는 것이다.

모형 실험을 할 때 완벽하게 상사법칙을 만족시키려면 유도된 모든 무차원수들이 모두 실형과 동일하게 유지되어야 한다. 하지만 크기가 다른 모형에 대해서 모든 무차원수가 동일하게 유지되는 것은 현실적으로 불가능하다. 따라서 각 물리현상에서 가장 중요하게 작용하는 변수들만 집중적으로 고려하고 나머지 변수들의 영향은 무시하거나 배제함으로써 문제를 단순화할 수밖에 없다. 예를 들어 배의 조파저항을 따질 때는 유체의 점성계수나 공기 중 음속 같은 것들은 중요하지 않지만 중력에 의한 표면파는 중요하므로 프루드수만을 고려한다거나 초음속 비행기를 설계할 때는 마하수만을 고려한다거나 한다.

유체역학뿐 아니라 다양한 과학기술 분야에는 여러 가지 무차원수들이 유도되어 있다. 이들 무차원수는 각 분야의 가장 중요한 물리적 개념들이 녹아 있어서 현상을 이해하고 개념을 파악하는 데 매우 중요하다.

여러 가지 무차원수

다음 표는 유체역학과 열전달 분야의 무차원수를 소개한다. 모두 각 분야의 학문적 대가들을 기리기 위해 그들의 이름을 따서 명명되었다.

무차원수	기호	정의	응용 분야
아르키메데스수 Archimedes number	Ar	$Ar = \dfrac{g\rho\Delta\rho L^3}{\mu^2}$	부력 유동 (자연대류/ 강제대류)
비오트수 Biot number	Bi	$Bi = \dfrac{hL}{k_s}$	열전도 (표면대류/ 고체 내 열전도)
본드수 Bond number	Bo	$Bo = \dfrac{\Delta\rho g L^2}{\sigma}$	부력에 의한 모세관 현상 (부력/표면장력)
에커르트수 Eckert number	Ec	$Ec = \dfrac{V^2}{2c_p\Delta T}$	열에너지 (운동에너지/ 엔탈피)
오일러수 Euler number	Eu	$Eu = \dfrac{\Delta P}{\rho V^2}$	유체항력 (압력/관성력)
푸리에수 Fourier number	Fo	$Fo = \dfrac{\alpha t}{L^2}$	비정상 열전도 (열확산/열저장)
프루드수 Froude number	Fr	$Fr = \dfrac{V}{\sqrt{gL}}$	자유표면 유동 (관성력/중력= 유동속도/파동속도)
그라쇼프수 Grashof number	Gr	$Gr = \dfrac{g\beta\Delta T L^3}{\nu_{(nu)}}$	자연대류 유동 (부력/점성력)
누센수 Knudsen number	Kn	$Kn = \dfrac{\lambda}{L}$	분자역학 (자유이동거리/ 특성길이)

루이스수 Lewis number	Le	$Le = \dfrac{\alpha}{D}$	열 및 물질 확산 (열확산/ 물질확산)
마하수 Mach number	Ma	$Ma = \dfrac{V}{c}$	압축성 유체역학 (유체속도/음속)
마랑고니수 Marangoni number	Mg	$Mg = -\dfrac{d\sigma}{dT}\dfrac{L\Delta T}{\mu\alpha}$	표면장력 유동 (표면장력/ 점성력)
너셀수 Nusselt number	Nu	$Nu = \dfrac{hL}{k}$	강제대류 열전달 (대류/열전도)
페클렛수 Péclet number	Pe	$Pe = \dfrac{VL}{D}$	열대류 및 확산 (대류/물질확산)
프란틀수 Prandtl number	Pr	$Pr = \dfrac{\nu}{\alpha}$	열 및 운동량 확산 (운동량 확산/ 열확산)
레일리수 Rayleigh number	Ra $=Gr \cdot Pr$	$Ra = \dfrac{g\beta\Delta T L^3}{\nu a}$	자연대류 유동 (부력/점성력)
레이놀즈수 Reynolds number	Re	$Re = \dfrac{\rho VL}{\mu}$	점성유동 (관성력/점성력)
리차드슨수 Richardson number	Ri	$Ri = \dfrac{g\beta\Delta T L}{V^2}$	부력에 의한 유체 안정성 (부력/관성력)
로스비수 Rossby number	Ro	$Ro = \dfrac{V}{fL}$	지구회전 (관성력/ 코리올리스력)
슈미트수 Schmidt number	Sc	$Sc = \dfrac{\nu}{\alpha}$	열 및 물질 전달 (운동량 확산/ 열확산)
셔우드수 Sherwood number	Sh	$Sh = \dfrac{KL}{D}$	강제대류 물질 전달 (물질 대류/ 물질확산)
스탠튼수 Stanton number	St	$St = \dfrac{h}{\rho C_p V}$	강제대류 열전달 (대류/열저장)

스테판수 Stefan number	Ste	$Ste = \dfrac{C_p \Delta T}{\lambda}$	상변화 열전달 (현열/잠열)
스토크스수 Stokes number	Stk	$Stk = \dfrac{\tau_p V}{L}$	분체공학 (입자 관성력/ 유체 관성력)
스트라울수 Strouhal number	Sr	$Sr = \dfrac{fL}{V}$	주기유동 (원심력/관성력)
테일러수 Taylor number	Ta	$Ta = \dfrac{4\omega^2 R^4}{\nu^2}$	회전 유체유동 (원심력/점성력)
웨버수 Weber number	We	$We = \dfrac{\rho V^2 L}{\sigma}$	다상 곡면유동 (관성력/ 표면장력)

2
에커르트 교수님
걸어다니는 무차원수

　자신의 학문 분야에서 연구업적을 내고 학계의 인정을 받는다는 것은 대단히 영광스러운 일이다. 더구나 그 분야의 핵심적인 원리를 설명하는 법칙이나 무차원수를 발견하고 '아무개 법칙' 또는 '아무개 수'처럼 자신의 이름이 붙는다는 것은 정말로 영광스러운 일이 아닐 수 없다. 나로서는 자신의 무차원수를 가진 사람을 살아서 만났다는 것만으로도 대단히 영광스럽게 생각하고 있다. 열전달의 거장 에른스트 에커르트 Ernst R. G. Eckert(1904~2004) 교수 이야기다. 그는 나에게 무차원수가 교과서나 역사 속에 묻혀 있는 것이 아니라 살아서 걸어다니고 있다는 사실을 보여준 무차원수의 전설 그 자체였다.

　내가 미네소타대학에서 유학할 당시 에커르트 교수의 나이는 80세였다. 이미 정년퇴임을 했으나 학과장이던 제자 골드 슈타인 교수Richard J. Goldstein의 배려로 가장 넓고 전망 좋은 연구실에서 여전히 연구활동을 하고 있었다. 에커르트 교수는 자신의 연구실에서 수십 년 동안 연구해온 자료를 정리하고 멀리서 찾아오는 손님들과 환담을 나누었다. 학생들 눈에 비친 그의 일과는 오전 느지막이 연구실에 나와 손님과 만나 이야기하다가 점심을 먹고, 오후에는 세미나 등에 참석하거나 그냥 일찍 퇴근하는 한가한 일과였다. 그럼에도 불구하고 그 나이에 건강을 유지하면서 꾸준히 활동하는 것이 대단하다고 생각했고 복도에서 우연히 마주치는 것만으로도 후학들에게 지적인 자극과 영감을 주기에 충분했다.

이따금 열리는 그의 강연은 항상 초만원이었다. 강사 소개는 아무리 바빠도 학과장인 골드슈타인 교수가 직접 했다. 그 역시 열전달 분야의 대가였음에도 불구하고 평생을 스승의 발뒤꿈치라도 따라가려고 부단히 노력했노라고 고백하곤 했다. 강연에는 열전달 분야가 아닌 다른 분야 사람들도 에커르트 교수의 얼굴을 보려고 많이 참석했다. 말솜씨는 어눌하고 느렸지만 강연은 명쾌하고 군더더기가 없었다. 중요한 개념은 녹아 있는데 복잡한 수식은 없었다. 몇 십 년을 넘나들며 평생의 연구과정을 설명할 때는 거의 인생철학 강의를 듣는 듯한 감동을 주었다.

그의 이름을 딴 무차원수 에커르트수Ec, Eckert number는 '열에너지에 대한 운동에너지의 비'로 정의된다.

$$Ec = \frac{V^2}{2C_p \Delta T} \sim \frac{\text{운동에너지}}{\text{엔탈피}}$$

즉 질량과 비열과 온도차의 곱 $mC_p\Delta T$인 열에너지와 $\frac{1}{2}mV^2$으로 표현되는 운동에너지의 비율이다. 에커르트수가 큰 유동은 유체의 속도가 매우 빨라 운동에너지가 열에너지로 바뀌면 온도상승 폭이 크다. 반면 우리가 평소에 접하는 유동인 에커르트수가 작은 유동은 유체의 속도가 느려 운동에너지가 열에너지로 바뀌더라도 온도가 그리 많이 올라가지 않는다. 바람이 내 몸에 부딪힐 때 뜨겁다고 느끼는 사람은 없을 것이다.

과학기술 분야에는 많은 무차원수가 정의되어 있다. 각 분야에서 가장 중요한 개념이 녹아 있는 것이 무차원수라 해도 과언이 아니다. 유체역학 분야에서는 레이놀즈수, 마하수, 프루드수, 웨버수 등이 있고, 열전달 분야에서는 레일리수, 너셀수, 셔우드수, 프란틀수, 슈미트수 등이 있다. 이러한 무차원수들은 다양한 물리현상을 설명하는 데 매우 중요한 역할을 한다.

그런데 개인적으로 신기하게 생각하는 점이 있다. 무차원수 이름 중에 에커르트를 포함해 게르만 계통의 이름이 유별나게 많다는 점이다. 도대체 게르만 민족은 어떠한 풍토에서 어떠한 방식으로 교육을 받았길래 이렇게 많은 물리적 개념들을 정립해놓을 수 있었을까? 대단하다는 생각이 든다. 무차원수를 유도하기 위해서는 물리현상에 대한 통찰력이 있어야 하고, 자잘한 숫자 계산보다는 개념이나 원리를 꿰뚫는 사고능력이 있어야 한다. 고전역학 분야에서 이제 무차원수가 나올 만한 새로운 물리현상이 남아 있을지는 잘 모르겠지만, 응용력은 고사하고 수식에 숫자를 넣어 답을 구하는 단순한 시험문제에 익숙해 있는 우리들에게는 먼

나라 얘기가 아닌가 싶다.

　문화적 측면이나 과학기술적 측면에서 나라마다 지역마다 특색이 있게 마련이다. 프랑스가 합리적이라면 독일은 개념적이다. 미국의 동부는 유럽 전통을 많이 이어받았고, 서부로 갈수록 점점 실용적이다. 그런가 하면 태평양을 건너 일본으로 가면 상업적이 된다. 중국의 고대철학과 인도의 고대종교로부터 시작해 문명의 중심은 태양이 회전하는 방향을 따라 그리스, 로마, 유럽, 미국 순으로 지구의 동쪽에서 서쪽으로 전파되어갔다. 가만히 살펴보면 동쪽에서 서쪽으로 갈수록 관심 대상은 추상적인 것에서 물질적인 것으로 바뀌었고 연구방법은 개념적인 것에서 실용적인 것으로 바뀌었다. 심적인 것에서 물적인 것으로, 내적인 것에서 외적인 것으로, 무거운 것에서 가벼운 것으로 변화했다. 르네상스 이후 과학기술이 꽃피기 시작할 무렵 세계문명의 중심이 된 유럽의 학문적 토대 위에 이러한 게르만 민족의 개념적인 연구풍토가 정립된 것 같다.

　에커르트 교수는 가끔 대학원생들이 발표하는 세미나에도 참석했다. 발표가 끝난 후 그가 질문하려고 손을 들면 발표자는 거의 돌처럼 굳어버렸다. 오죽 어려운 것을 물어볼까 싶어 긴장한 때문이었다. 하지만 그의 질문은 아주 단순한 것들이었고 거의 단답형으로 즉답할 수 있는 것이었다.

　"그 원통의 직경은 몇 밀리미터인가?"

　"예, 20밀리미터입니다."

　"오! 20밀리미터!"

　학생의 대답을 들은 에커르트 교수는 뭔가 대단히 흥미로운 것을 새로 깨달은 듯 어린아이처럼 고개를 끄덕이면서 몇 번이나 고맙다고 인사

Ernst R.G. Eckert
1904-2004

폴란드에서 태어나 미국으로 귀화한 유체공학자
에른스트 에커르트 교수.
미네소타대학 기계공학과에서
많은 후학들을 길러냈고, 항공 분야의 막냉각(film
cooling) 기술에 관해 많은 연구업적을 남겼다.

$$Ec = \frac{u^2}{2(h_e^o - h_w)}$$

하곤 했다.

에커르트 교수는 1904년 프라하에서 태어나 제트엔진의 냉각에 관한 연구를 수행하다가 제2차 세계대전 후 미국으로 이민했다. 한동안 미 공군에서 근무했고 1953년부터는 미네소타대학에서 20여 년간 교편을 잡았다. 2004년 안타깝게도 100세 생일을 두 달 남겨놓고 그는 세상을 떠났다. 그의 탄생 100주년 기념 열전달 학술대회를 준비하던 중 후학들은 비보를 들어야 했다.

미네소타대학 기계공학과 건물에는 교수연구실로 들어가는 입구에 커다란 포스터 한 장이 유리상자 속에 전시되어 있었다(현재는 다른 곳으로 이전됨). 다름 아닌 에커르트 교수의 학문적 족보다. 에커르트 교수를 정점으로 하여 그의 제자 골드슈타인, 래이쓰비Raithby, 크래이머Cremers 등 열전달 분야의 쟁쟁한 석학들이 1세대로 자리잡고 있고, 그 아래로 램지Ramsey, 퀸Kuehn, 쿨라키Kulacki 등 2세대 제자들의 이름이 열거되어 있다.

한 그루의 커다란 나무가 풍성한 그늘을 만들고 많은 열매를 맺듯이 한 분야의 거장은 그 분야에 혁혁한 연구업적을 남기고 수많은 후학들을 길러낸다. 그의 발뒤꿈치 근처에도 따라가기 어렵겠지만, 그의 순수하고 진지한 학문탐구 자세를 본받고 싶다.

3
스토크스수
날벌레의 뺑소니 사고

어느 여름에 국도를 이용해 여행을 다녀왔다. 날씨 때문에 벌레가 많이 번식한 때문인지 아니면 유독 벌레가 많은 지역을 지난 때문인지 몰라도 자동차 앞 유리창은 온통 날벌레 자국으로 얼룩져 있었다. 어떤 자국은 세차를 해도 잘 지워지지 않는다. 벌레들이 자신의 관성력은 생각하지 않고 자동차를 향해 날아와 부딪히면서 생긴 귀찮은 잔해물이다.

하지만 이 이야기는 내 입장이고, 벌레 입장에서는 억울하다. 자신들은 집 근처에서 친구들과 별 생각 없이 날아다니며 놀고 있는데 갑자기 웬 자동차가 빠른 속도로 달려와 자신들을 치고 달아났으니 뺑소니 사고를 당했다고 볼 수 있기 때문이다. 따지고 보면 내 차가 다가가서 벌레를 받은 것이지, 벌레가 내 차를 향해 다가와 부딪힌 것은 아니다.

차가 다가갔건 벌레가 다가왔건 관측 좌표계가 다를 뿐 역학적으로는 동일한 문제다. 자동차를 향해 다가오는 공기는 앞 유리창에 부딪힌 후 흐름 방향이 급격하게 바뀌며 위로 꺾인다. 이때 공기 중에 포함되어 있는 작은 먼지나 날벌레는 관성력이 작기 때문에 공기 흐름을 충실히 따라간다. 그러므로 유선이 아주 급하게 꺾이지만 않는다면 유리창에 충돌하지 않고 부드럽게 빠져나갈 수 있다. 하지만 몸집이 큰 벌레들은 갑자기 꺾인 유선을 따라가지 못하고 자신의 관성 때문에 유선에서 이탈한 후 그대로 직진해 유리창에 부딪히고 만다.

유리창에 남아 있는 잔해를 관찰해보면 흥미로운 점들을 여럿 발견할 수 있다. 유리창 아래쪽보다는 위쪽, 차 지붕 쪽으로 갈수록 벌레 자국이 많다는 점, 큰 놈들 자국은 위아래를 가리지 않고 여기저기 무작위적으

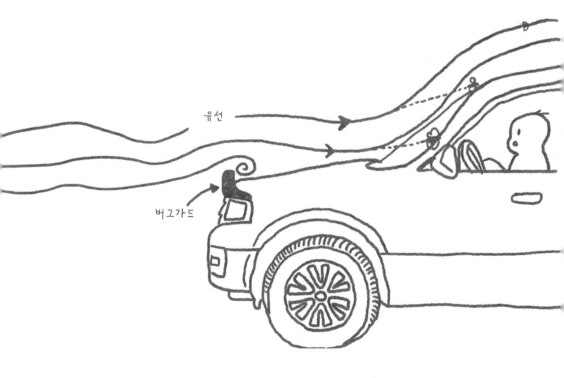

로 흩어져 있다는 점 등이다.

실제로 농촌지방이나 산악지방을 많이 다니는 자동차들은 유리창에 벌레 자국이 생기는 것을 방지하기 위해 앞 그릴 위에 버그가드bug-guard를 붙여놓기도 한다. 버그가드는 보닛 위에 와류(소용돌이vortex)를 형성하여 공기의 흐름을 휘저어줌으로써 벌레들이 앞 유리창에 부딪히는 것을 막아준다.

유체 속에 먼지나 가루 같은 고체 입자가 섞여 있을 때 유체와 입자 사이의 상호 역학적 관계를 다루고 이를 공업적으로 이용하는 분야를 분체공학이라고 한다. 유체의 흐름과 각 입자들의 움직임이 서로 영향을 미치기 때문에 순수 유체보다 양상이 복잡하다. 분체공학은 공기 중에 떠 있는 미세먼지나 물속에서 부유하는 불순물의 움직임을 연구하고 필터나 계측기를 개발하는 환경분야, 즉 대기오염이나 수질오염과 밀접한 관련이 있다. 또 석탄가루 같은 각종 분말들을 관로 내에서 압축공기에 실어나르는 공압이송 분야에도 활용된다.

분체공학에서 가장 중요한 무차원수는 스토크스수Stk, Stokes number다. 스토크스수는 유체의 관성력에 대한 입자의 관성력의 상대적인 크기로 정의된다. 스토크스수가 작은 입자는 관성력이 작아서 유선과 거의 동일한 경로를 따르고, 반대로 스토크스수가 큰 입자는 관성력이 커서 자신의 진행 방향을 고집하려 하기 때문에 유체의 유동으로부터 벗어나기 쉽다. 스토크스수를 알면 입자가 유선을 얼마나 충실히 따라가는지 파악할 수 있다.

$$Stk = \frac{\tau_p V}{L} \sim \frac{\text{입자의 관성력}}{\text{유체의 관성력}}$$

이 식에서 V는 유체의 속도, L은 특성길이, 그리고 τ_p는 입자의 특성시간이다. 특성길이는 유체의 흐름 중에 있는 물체의 대표 길이를 말하며, 예를 들면 물속에 있는 돌멩이나 바람 속 먼지 등의 크기를 가리킨다.

특성시간은 입자의 관성을 나타내는 지표를 시간 차원으로 표시한 것으로서 이 경우 입자의 관성은 질량이라는 특성으로 나타나므로 입자의 관성질량과 관계가 있다. 간단히 말해 입자의 크기가 커지면 움직임이 둔해지므로 특성시간이 커진다. 한 번 움직이기 시작한 것을 반대쪽으로 움직이게 하려면 관성 때문에 힘이 들고 오래 걸린다는 점을 생각해보면 이해가 빠를 것이다. 따라서 입자의 특성시간을 입자의 크기로 봐도 무방하다. 스토크스수가 크면 유체의 속도가 빠르거나 입자의 크기가 큰 것이기 때문에 입자의 관성력이 상대적으로 중요하다. 그러므로 몸집이 큰 벌레들처럼 유선에서 벗어나 벽면에 충돌하기 쉽다. 반면 스토크스수가 작으면 입자의 관성력이 작으므로 충돌의 위험이 적다.

미국의 미네소타 지방은 겨울이 되면 춥기도 춥거니와 눈도 많이 내린다. 더욱이 얌전하게 내리지도 않고 강풍과 함께 요동을 치며 휘날리

눈이 들러붙은 미네소타 교통표지판

는 경우가 많다. 강한 바람과 함께 날리는 눈송이 입자는 도로표지판에 떡처럼 들러붙는다. 눈이 그치고 난 후에도 기온이 워낙 낮기 때문에 표지판에 들러붙은 눈이 쉽게 녹지 않아 한동안 교통표지판은 무용지물이 되고 만다.

미네소타 주정부에서는 오랫동안 이 문제로 고심해왔다. 도로표지판에 전기히터를 붙여 눈을 녹이는 방법도 검토해봤고, 표면에 눈이 붙지 않도록 하는 화학약품도 코팅해봤다. 그러나 수많은 도로표지판마다 히터를 설치하고 전기를 끌어오기 위해 전선매설 공사를 하는 것은 비용문제 때문에 현실적인 해결책이 되지 못했다. 또 표지판을 일일이 코팅하는 작업 역시 쉬운 일이 아니며, 그나마 코팅된 화학약품은 오래지 않아 비바람에 씻겨내려 효과가 사라졌다.

그러던 중 분체공학 전문가로부터 크기가 큰 교통표지판에는 눈이 적게 달라붙는다는 사실을 알게 되었다. 신기하게도 스토크스수로 설명되는 개념이다. 스토크스 수식에 나오는 눈 입자의 특성시간 τ_p나 바람의 속도 V는 자연적으로 주어지는 것이므로 사람의 힘으로는 어떻게 할 수가 없다. 하지만 특성길이 L인 교통표지판의 크기를 크게 하면 스토크스수를 줄일 수 있다. 쉽게 말해 교통표지판을 두 배로 크게 만들면 풍속을 절반으로 했을 때의 스토크스수와 같도록 할 수 있다.

스토크스수가 작아지면 눈 입자는 유선을 따라 운동하며 빠져나가기 때문에 도로표지판에 들러붙는 것을 확실하게 줄일 수 있다. 그래서 미네소타 지방에는 커다란 교통표지판이 많다. 하지만 큰 표지판은 강풍에 날아가기도 쉽기 때문에 무한정 크게 만들 수도 없는 노릇이긴 하다.

4
웨버수
물방울의 세계

　우리 어릴 적에는 콜라나 사이다 같은 음료수가 참 귀했다. 오랜만에 맛본 달착지근한 음료수를 다 마시고 나면 어린 마음에 아쉬움이 남는다. 바닥에 조금 남아 있는 마지막 한 방울까지 알뜰하게 먹으려고 빈 음료수 병을 거꾸로 하고 목을 뒤로 젖혀 입을 벌린 채 기다린다. 병 바닥에 조금 남아 있던 것들은 중력에 의해 벽을 타고 서서히 미끄러져 내려온다. 처음에는 벽에 얇은 막film을 형성하며 흘러내리다가 몇 개의 작은 방울drop들로 모인다. 작은 방울들은 옆에서 나란히 흘러내리는 다른 방울들과 합쳐지면서 크기가 점점 커진다. 아이의 눈은 내려오는 음료수 방울을 뚫어져라 응시한다. 물방울에는 거꾸로 된 세상이 비친다.

　드디어 병 끝. 병 끝에 도달한 음료수 방울은 대롱대롱 매달려서 조금씩 몸집을 부풀린다. 방울이 떨어지기만을 기다리던 아이는 더 이상 참지 못하고 낼름 핥아먹는다. 다시 또 기다리면 한 방울이 더 만들어질까? 도대체 빈병 안에는 몇 방울이나 더 남아 있을까? 한 방울은 얼마나 될까? 마지막 한 방울을 기다리면서 여러 가지 생각을 한다.

고드름 녹은 물은 고드름 끝에 매달린다. 물방울은 점점 커지다가 더 이상 매달려 있지 못하고 아래로 떨어진다. 꽉 잠그지 않은 수도꼭지에서 또는 지붕에서 낙숫물이 일정한 시간 간격으로 박자를 맞춰가며 똑똑 떨어진다. 낙숫물이 떨어지는 곳에 빈병을 가져다놓고 가득찰 때까지 떨어지는 물방울 수를 세어본다. 세어본 사람들은 알겠지만, 물방울 하나는 대략 0.05~0.1씨씨^{cc} 정도의 부피를 갖는다. 즉 큰 물방울 열 개 정도 또는 작은 물방울 스무 개 정도가 모여야 1씨씨가 된다.*

물이 매달려 있을 때나 떨어질 때 방울 형태를 갖는 것은 되도록이면 표면적을 작게 하려는 물의 표면장력 때문이다. 수도꼭지에 매달려 있던 반구 형태의 물방울은 자체의 중력을 이기지 못하고 떨어진다. 떨어질 때 물방울은 표면적을 최소화하는 구의 형태를 취하는데, 마치 표면에 얇은 막이라도 있는 것처럼 안에 들어 있는 물을 감싸면서 방울 형태를 만든다.

표면장력의 단위는 단위 면적당 에너지로 J/m^2다. 이는 단위 길이당 힘의 단위인 N/m라고 생각해도 무방하다. 1J은 1N·1m이기 때문이다. 표면에서 서로 잡아당기고 있으므로 물방울 내부의 압력은 높아진다. 큰 물방울은 작은 충격에도 작은 물방울로 부서지지만, 작은 것은 서로 잡아당기는 결속력이 강하기 때문에 쉽게 부서지지 않는다.

물방울이 작을수록 표면장력의 영향력이 크다. 똑같은 물이라도 '길

이 스케일'이 작아지면 상대적으로 표면장력의 역할이 커진다. 다시 말해 물속에 있는 물체의 크기가 작아질수록 표면장력의 영향력이 커진다. 따라서 사람이 수영할 때 느끼는 표면장력과 작은 벌레가 느끼는 물방울의 상대적인 표면장력은 서로 다르다. 개미 한 마리를 잡아서 작은 물방울에 집어넣으면, 개미는 표면장력에 갇혀서 꼼짝도 하지 못할 것이다. 웨버수We, Weber number는 표면장력과 관성력의 비를 나타내는 무차원수다.

$$We = \frac{\rho V^2 L}{\sigma} \sim \frac{관성력}{표면장력}$$

그동안 유체역학에서 표면장력은 그리 관심을 끌지 못했다. 고작해야 소금쟁이가 물 위에서 떠다니는 것을 설명하거나 가느다란 관에서 발생하는 모세관현상을 설명하는 정도였다. 그런데 최근 마이크로 세계에 관심이 많아지면서 작은 물방울에 대한 관심도 높아지고 있다. 작은 물방울을 관찰하면서 매크로 세계에서 경험하지 못한 새로운 현상들을 연구하고, 마이크로 현상을 이용한 다양한 응용 분야를 찾아내고 있다.

예를 들면 왜 연꽃잎에 물방울이 들러붙지 않고 굴러떨어지는지, 연꽃잎이 어떻게 스스로 더러워진 표면을 정화하는지 표면장력으로 그 원리를 설명한다. 또 표면장력에 의해 스스로 움직이는 마이크로 유체기계나 세포 내 입자를 분리하는 바이오칩을 설계한다. 표면장력에 관심을 가지면서 이전에는 생각하지 못했던 응용 분야가 생겨나고 있다.

비가 갠 후 숲에 가보면 나뭇잎 위에서 물방울들이 영롱하게 빛을 반사한다. 아주 작은 것부터 아주 큰 것까지 무수히 많은 물방울들을 만날 수 있다. 나뭇잎 표면에 있다가 굴러내리기도 하고 나뭇잎 끝에 매달려 렌즈 역할을 하기도 한다. 비만 오면 숲속에 있는 수억 개의 나뭇잎 위에서 그보다 더 많은 작은 물방울들의 향연이 펼쳐진다. 세상에는 얼마나 많은 물방울들이 있을까? 그중에서 가장 멋진 물방울은 어떤 걸까? 비가 그치면 접사 렌즈 하나 챙겨 들고 물방울의 세계를 찍으러 나가봐야겠다.

물방울의 크기는 얼마나 될까?

아래쪽으로 향하는 천장이 있다. 천장면을 따라 흐르면서 점점 고이고 커지다가 자체 무게를 못 견디고 떨어지는 순간의 물방울을 생각해보자. 떨어지는 순간 지름이 D인 반구 형태의 물방울 무게와 그 단면의 표면장력은 서로 힘의 평형을 이룰 것이다.

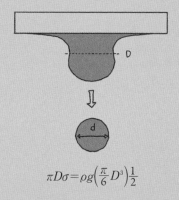

$$\pi D\sigma = \rho g\left(\frac{\pi}{6}D^3\right)\frac{1}{2}$$

상온에서 물의 표면장력 σ는 7.34x10^{-2}N/m, 밀도 ρ는 1,000kg/m^{3}다. 중력가속도 g는 9.8m/s^{2}이므로 이 수치를 대입하면 지름 D는 약 9.5밀리미터가 된다.

처음의 물방울은 반구 형태였지만 떨어지면서 온전한 구로 뭉쳐진다. 그러면 지름은 조금 작아져 7.5밀리미터가 된다. 그런데 이 경우는 이상적인 상태에서 아무런 흔들림 없이 만들어지는 가장 큰 물방울일 때다. 이때는 다섯 방울이면 대략 1씨씨를 만들 수 있다.

실제 물방울은 이보다 작은 상태로 떨어지거나 떨어지는 과정에서 여러 개의 더 작은 물방울들로 부서진다. 실제 빗방울은 공기와 충돌하여 잘게 부서지기 때문에 4~6밀리미터 정도다. 지름이 4.6밀리미터면 0.05씨씨, 5.8밀리미터면 0.1씨씨의 물방울이 된다. 본문에서 설명한 대로 이 정도 물방울 10~20개 정도는 있어야 1씨씨가 된다.

뿐만 아니라 표면장력에 따라서도 물방울의 크기는 달라진다. 표면장력이 큰 유체는 좀더 큰 방울을 만든다. 물은 온도가 올라가면 표면장력이 작아진다. 그렇기 때문에 뜨거운 물방울은 크기가 좀 작다. 샤워할 때 잘 관찰해보면 더운물이 찬물보다 잘게 부서지는 것을 볼 수 있다. 아마 소금쟁이 입장에서는 미끄럼 타기 좋은 계절로 물이 차가워지는 가을이나 겨울을 꼽을 것이다.

5

종속도
잇츠 레이닝

이슬비는 보슬보슬, 가랑비는 주룩주룩, 장대비는 좌악좌악 내린다. 비의 종류도 많고 내리는 모습도 다양하다. 빗줄기의 굵기, 비 내리는 시기, 비 내리는 양과 기간 등에 따라서 여러 가지 이름이 붙는다.

갑자기 세차게 쏟아지는 비는 소나기, 끄느름하게 오래 두고 오는 비는 궂은비, 일정 기간 계속해서 내리는 비는 장맛비, 한꺼번에 많이 쏟아지는 비는 큰비, 햇빛이 있는 날 잠깐 오다가 그치는 비는 여우비라고 한다. 또 비가 내린 뒤의 효과에 따라서 알맞게 오는 비는 단비, 오랜 가뭄 끝에 내리는 비는 약비, 내린 뒤에 추워지는 비는 찬비, 비가 계속 올 것 같다가 그치는 비는 웃비, 겨우 먼지 나지 않을 정도로 조금 오는 비는 먼지잼, 장마에 큰물이 난 뒤 한동안 쉬었다가 한바탕 내리는 비를 개부

심이라고 한다. 비가 내리는 계절에 따라서도 봄비, 가을비, 겨울비가 있고, 칠월칠석에 내리는 칠석물, 밤에 내리는 밤비가 있다.

빗방울의 크기에 따라서 비 내리는 속도도 달라진다. 비 내리는 속도로 구분해보면 안개비, 이슬비, 가랑비, 장대비가 있다. 빗방울의 지름이 클수록 떨어지는 속도가 빨라진다. 안개처럼 0.1밀리미터 이하의 아주 작은 물방울은 공기 중에 거의 떠 있다시피 하고, 수 밀리미터 이상의 굵은 빗방울은 빠른 속도로 떨어진다. 안개비는 지름이 0.1~0.2밀리미터, 이슬비는 0.2~0.5밀리미터 정도며, 는개는 안개비와 이슬비 사이의 크기를 갖는다. 가랑비는 가늘게 내리는 약한 비로 세우細雨 또는 실비라고 하며 지름은 0.5~1.0밀리미터 정도다. 보통 비는 1.0~2.0밀리미터 정도인데, 이

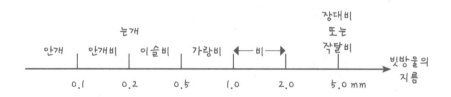

보다 굵은 비를 장대비 또는 작달비라고 한다. 큰 빗방울은 낙하하는 동안 부서져서 여러 개의 작은 물방울로 나누어지기 때문에 빗방울의 크기가 5밀리미터를 넘는 경우는 거의 없다.

중력이 있는 곳에서 물체를 떨어뜨리면 자유낙하를 하면서 속도는 계속 증가한다. 또 공기 중에서 움직이는 물체는 모두 공기항력을 받으며, 공기항력은 보통 떨어지는 속도의 제곱에 비례하는 것으로 알려져 있다. 처음 빗방울의 속도가 느릴 때는 공기항력이 작기 때문에 중력에 의해 가속을 받는다. 그러다 속도가 빨라지면서 주변의 공기항력도 점점 커지는데, 어느 속도에 도달하면 공기항력과 자신의 무게가 같아지는 상태가 된다. 이때는 빗방울에 작용하는 총체적인 힘이 영이 되기 때문에 더 이상 가속을 받지 않고 등속운동을 한다. 이 속도를 종속도terminal velocity라고 한다.°

빗방울만이 아니다. 크고 작은 모든 물체는 어느 순간이 되면 자체 무게와 공기의 항력이 평형을 이루는 종속도로 낙하한다. 공기 중의 작은

비의 종류에 따른 빗방울의 크기와 종속도

비의 종류	지름(mm)	종속도(m/s)	설명
안개	0.1 이하	0.3 이하	공기 중에 떠 있는 작은 물방울
안개비	0.1~0.2	0.3~0.7	안개보다 약간 크고 느리게 내려앉는 비
이슬비	0.2~0.5	0.7~2.1	아주 가늘게 내리는 비, 일명 보슬비
가랑비	0.5~1.0	2.1~4.1	가늘게 내리는 비, 일명 세우 또는 실비
보통 비	1.0~2.0	4.1~6.5	보통 내리는 비
장대비 또는 작달비	2.0~5.0	6.5~9.1	굵은 빗발이 쉴 새 없이 내리는 비
물 덩어리	5.0 이상	9.1 이상	크기를 유지 못하고 작은 물방울로 부서짐

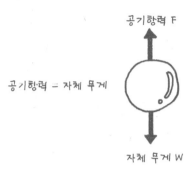

공기항력 F

공기항력 = 자체 무게

자체 무게 W

먼지는 아주 느린 종속도로 떨어지고, 커다란 운석은 굉장히 빠른 종속도로 떨어진다. 낙하산도 그렇고, 스카이다이버도 그렇고, 낙하하는 모든 것들은 일정 시간 동안 가속된 이후 종속도로 낙하한다. 지름이 10마이크로미터㎛인 아주 작은 물방울의 종속도는 1초에 3밀리미터 정도지만, 지름이 5밀리미터인 커다란 물방울이라면 초속 9미터가 넘는다. 만약 공기항력이 없다면 자유낙하를 하면서 계속 가속되다가 지상에 도달할 때쯤 빗방울은 초속 수백 미터에 이를 것이다. 어마어마한 속도로 떨어지는 비를 맞고 살아남을 생명체는 지구에 없다. 항력의 고마움이다.

비는 대지에 생명을 불어넣는 고마운 존재다. 그래서 예로부터 기다리던 손님이라도 오신 듯 비가 오신다고 했다. 비 내리는 것을 보면서 농사를 걱정하는 사람도 있고, 우산과 장화를 팔 생각을 하는 사람도 있다. 감상에 젖어 시상을 떠올리는 사람도 있고, 어머니 산소가 떠내려갈까 울어대는 청개구리도 있다. 그런가 하면 자기 전공에 따라서 유체역학이나 종속도를 떠올리는 사람도 있고, 나쁜 남자나 잇츠 레이닝을 떠올리는 사람도 있다.

빗방울의 종속도

종속도 U는 유체 속에 잠겨 있는 물체의 무게와 부력, 유체항력 등 모든 힘이 평형을 이룬 상태에서 등속운동하는 속도를 말한다. 공기에 의한 빗방울의 부력과 표면 파동에 의한 저항을 무시하고 단순화시켜서 중력과 유체항력만을 고려하면 다음과 같은 관계로 표현할 수 있다.

$$mg = C_D \frac{1}{2} \rho_{air} U^2 A$$

빗방울의 지름은 1밀리미터, 항력계수 C_D는 0.65로 가정한다. 또 물의 밀도 ρ_{water}는 1,000kg/m³, 공기의 밀도 ρ_{air}는 1.2kg/m³, 중력가속도 g는 9.8m/s²로 한다. 여기서 물방울의 질량 m은 $\rho_{water} \left(\frac{\pi}{6} d^3 \right)$, 단면적 A는 $\frac{\pi}{4} d^2$ 이므로 종속도는 다음과 같다.

$$U = \sqrt{\frac{4}{3} \frac{\rho_{water}}{\rho_{air}} \frac{gd}{C_D}} = \sqrt{\frac{4(1,000)9.8(0.001)}{3(1.2)0.65}} = 4.1 \, \text{m/s}$$

여기서 항력계수 C_D는 엄밀하게는 레이놀즈수의 함수로 주어지므로 크기와 속도가 달라지면 다소 값이 바뀔 수 있다. 보다 상세한 값은 유체역학 책을 참고하기 바란다.

6
뒷전와류
대장 기러기의 희생정신

　가을이 되어 날씨가 쌀쌀해지면 하늘에 V자를 그리며 날아가는 기러기 떼를 볼 수 있다. 기러기는 기럭기럭 하고 우는 소리에서 붙여진 이름으로 그 소리가 처량하여 세월의 무상함이나 이별의 아픔을 담은 노래에 자주 등장해왔다. 반면 전통혼례에서는 신랑이 기러기를 상에 올려놓고 절을 했는데, 이는 기러기 부부처럼 서로 사랑하며 아들딸 많이 낳고 백년해로 하겠다는 맹세의 의미였다고 한다. 요즘은 살아 있는 기러기 대신 나무로 만든 목안木雁이나 닭을 쓴다.

　우리 조상들은 한해 농사를 마친 늦가을에 질서 있게 무리지어 날아와 금슬 좋게 짝을 이루어 사는 기러기를 가리켜 신예절지信禮節智의 네 가지 덕을 갖추고 있다고 말했다. 계절이 변화함에 따라 가을이면 찾아와

128

봄이면 어김없이 돌아가니 믿을 수 있다고 하여 신信이요, 하늘을 날 때는 차례가 있어 앞에서 울면 뒤따르는 무리들이 화답을 하니 예禮요, 한 번 짝을 맺으면 다시 짝을 얻지 않으니 절節이요, 무리지어 밤낮으로 살피고 생활하며 서로를 보호하는 지혜를 가졌으니 지智라 했다.

조상님들 말씀대로 네 가지 덕을 갖추고 있어 그런지도 모르겠지만, 사실 기러기가 V자를 그리며 믿음직스럽고 예의바르게 차례대로 슬기롭게 서로 살피며 멀리 갈 수 있는 것은 나름대로의 유체역학적인 원리에 기초한다.

비행기나 새가 하늘을 나는 원리는 날개이론wing theory으로 설명할 수 있다. 날개 형상은 유선형이면서 위쪽으로 약간 굽어 있는 형태를 갖는다. 따라서 날개의 아래쪽보다 위쪽의 유속이 빠르다. 베르누이 법칙 Bernoulli's law에 따르면 유속이 빠른 위쪽에는 낮은 압력이, 유속이 느린 아래쪽에는 높은 압력이 작용한다. 그러므로 전체적으로는 날개의 아래쪽으로부터 떠받드는 힘이 발생한다. 이를 날개에 의한 양력lift이라고 한다.

날개 아래쪽의 압력이 높기 때문에 날개 끝부분을 통해서 압력이 낮은 날개 위쪽으로 유체가 넘어가는 부수적인 현상도 발생한다. 따라서 아래 그림과 같이 날개 끝에서 시작해 날개 바깥쪽으로 상승하고 안쪽으

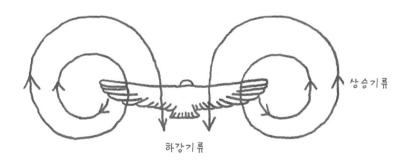

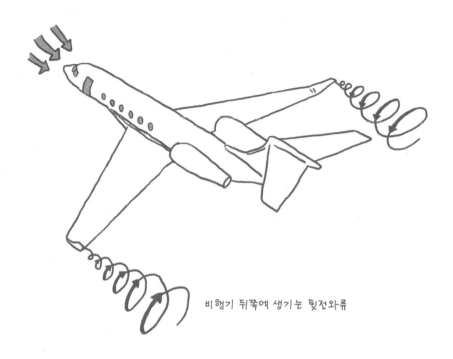

비행기 뒤쪽에 생기는 뒷전와류

로 하강하는 와류(소용돌이vortex)가 발생한다.

비행기가 날아갈 때 양쪽 날개 뒤로 원추형 보텍스가 형성된다. 뒤에서 보면 양쪽 날개 끝을 중심으로 서로 반대방향으로 회전한다. 이것을 트레일링 보텍스trailing vortex, 우리말로는 뒷전와류 또는 날개끝 와류wing-tip vortex라고 한다. 뒷전와류는 모든 비행 물체 뒷부분에 생기는 현상이기 때문에 자동차 뒤쪽에서도 비슷한 현상이 발생한다. 유체역학적으로 매우 흥미로운 현상이라서 나사NASA 등을 중심으로 비행 물체 설계에 응용하기 위한 연구가 진행되었다.

뒷전와류는 비행기를 운전할 때 매우 위협적이다. 특히 작은 비행기가 큰 비행기의 꽁무니를 줄맞추어 쫓아갈 때 위험할 수 있다. 큰 비행기에서 생기는 하강하는 유동 때문에 아래로 향하는 힘을 받게 되고 불규

칙한 하강 돌풍의 영향을 받을 수 있다. 반면 뒷전와류를 이용할 수도 있다. 앞서 날아가는 비행기의 중심선에서 약간 벗어나 자신의 중심을 앞 비행기의 날개끝에 맞추고 따라가면 오히려 뒷전와류에 의한 상승기류를 만날 수 있다. 그러면 안전할 뿐 아니라 힘들이지 않고 공짜 부양효과를 얻을 수 있다.

　지혜로운 기러기들은 유체역학을 배우지 않고도 뒷전와류의 존재를 경험적으로 알고 있다. 그래서 앞서가는 기러기의 날개 끝에 자신의 중심선을 위치시켜 상승기류를 효과적으로 이용한다. 맨 앞에서 날고 있는 대장 기러기 날개 양쪽에 한 마리씩 따라붙고 그 뒤에 오는 기러기는 바깥쪽으로 그 뒤를 물고 쫓아간다. 그래서 전체적으로 매우 질서정연한 V자형 편대를 형성하면서 비행을 한다. 맨 앞에 가는 대장 기러기는 뒷전와류의 혜택을 누리지 못하지만, 뒤에 있는 힘이 약한 기러기들은 대장 기러기가 만들어내는 상승기류의 효과를 톡톡히 누리면서 먼 거리 여행도 할 수 있다.

주변에 기러기들이 많다. 진짜 기러기가 아니라 기러기 아빠 이야기다. 자식 교육을 위해 스스로 외기러기가 되어 멀리 떠난 가족들을 그리면서 살아가는 사람들을 주변에서 흔히 볼 수 있다. 경쟁적인 사회분위기와 부실한 교육현실 때문에 거액의 유학비도 마다하지 않고 가족의 단란함도 포기한, 세계에서 유래를 찾아보기 힘든 교육 엑소더스의 결과다. 학비를 낼 때가 되면 어김없이 송금하고信 한눈도 팔지 않으며節 틈만 나면 가족들을 찾아갈 방도를 찾는 지혜智는 진짜 기러기와 유사하지만, 가족과 함께 V자 비행을 하며 서로 화답禮하지 못하니 안타까울 뿐이다.

7
각운동량 보존
태풍의 탄생

    매년 크고 작은 태풍이 우리나라를 지나간다. 태평양에서 만들어진 열대성 저기압 중에서 최대 풍속이 초속 17미터 이상이면 특별히 태풍^{typhoon}이라고 한다. 같은 열대성 저기압이라도 만들어진 위치에 따라 그 이름이 다르다. 대서양에서 만들어진 것은 허리케인^{hurricane}, 인도양에서 만들어진 것은 사이클론^{cyclone}이라 하며, 오스트레일리아 북동부에서 발달한 것은 윌리윌리^{willy-willy}라고 한다.

    대기 중에 온도차나 압력차가 발생하면 공기가 이리저리 흐르기도 하고 왼쪽이나 오른쪽으로 회전하기도 한다. 이러한 회전운동은 태풍의 씨앗이 된다. 보통 이렇게 크고 작은 회전운동은 시간이 흐르면서 그 강도가 점점 약해지다 소멸한다. 그런데 이러한 회전운동이 오히려 점점 강화되어 태풍과 같은 강한 유동으로 발달할 때가 있다. 왜일까? 그 이유는 각운동량보존법칙으로 설명할 수 있다.

직선운동에서 질량m과 속도v의 곱인 운동량M=mv이 보존되듯이 회전운동에서는 관성모멘트J와 회전각속도ω의 곱인 각운동량A이 보존된다.

$$A = J \cdot \omega$$

관성모멘트는 회전축을 중심으로 회전하는 물체의 정향능력(방향을 유지하려는 능력)을 의미한다. 쉽게 말해 선형운동일 때 질량이 계속 진행하려고 하는 관성의 크기를 나타내듯이 각운동일 때는 관성모멘트가 계속 회전하려고 하는 관성의 크기를 나타낸다. 수학적으로는 반지름의 제곱과 질량에 비례한다.

주위에서도 손쉽게 확인할 수 있다. 스케이팅 선수가 팔을 쭉 벌리고 서서 회전하기 시작하면 처음에는 회전속도가 그리 빠르지 않다. 하지만 팔을 오므려 몸에 붙이면 갑자기 빨리 회전하기 시작한다. 팔을 움츠리면 관성모멘트가 작아지는데 각운동량을 일정하게 유지하기 위해서는 회전각속도가 그만큼 커져야 하기 때문이다.

실제로 경험해볼 수도 있다. 반지에 실을 꿰고 수타면 뽑듯 양손을 빙빙 돌리면 반지는 중간에서 실과 함께 돌아간다. 이때 양손으로 잡고 있던 실을 바깥쪽으로 팽팽하게 잡아당기면 실의 회전 팔 길이가 짧아지면서 반지가 갑자기 빨리 돌기 시작한다. 또 심심할 때 가끔 하기도 하는데, 바퀴 달린 회전의자에 앉아 팔과 다리를 기지개 켜듯이 사방으로 쭉 뻗고 발로 바닥을 차 회전을 시작한다. 발이 바닥에서 떨어지면 몸 전체는

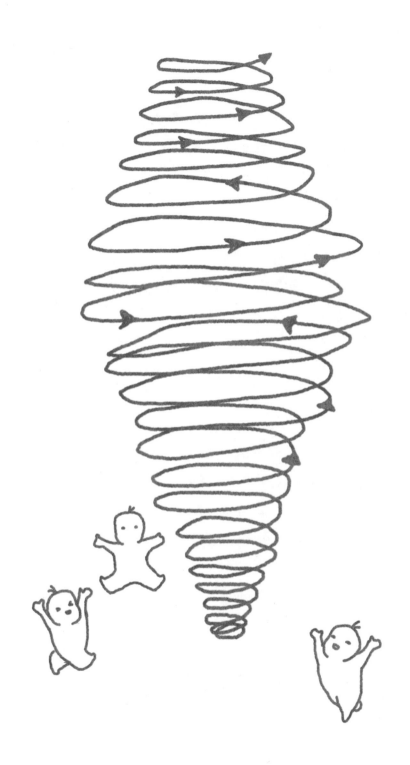

회전의자에 온전히 의지하며 서서히 회전한다. 이때 쭉 펴고 있던 팔과 다리를 갑자기 몸쪽으로 오므리면 의자의 회전속도가 급격히 빨라진다.

대기도 마찬가지다. 서서히 돌기 시작한 공기 유동의 관성모멘트가 작아지면서 빠르고 강한 소용돌이가 형성되는 것이다. 그런데 공기기둥의 관성모멘트는 왜 작아지는 걸까? 누가 회전하는 공기기둥을 아래위로 잡아당기기라도 한단 말인가?

그렇다. 저기압과 부력에 의한 상승기류가 공기기둥을 위로 잡아당기는 역할을 한다. 저기압은 주위로부터 공기를 끌어들이며 상승기류를 형성하고, 고온다습한 공기 역시 부력에 의해 상승기류를 만들어낸다. 상승기류가 회전하는 공기기둥을 수직 방향으로 잡아늘이는 역할을 하면서 공기기둥의 관성모멘트가 작아지고 회전속도가 급격히 빨라진다. 그렇기 때문에 태풍은 수증기의 공급이 충분한 따뜻한 바다를 지날 때 발달한다.

과학관에 가보면 태풍이 발생하는 원리를 보여주기 위한 실험장치들이 있다. 뛰기 좋아하는 아이들을 작은 방에 넣어놓고 빙글빙글 돌면서 뛰게 한다. 방안의 공기도 아이들과 함께 서서히 돈다. 소용돌이가 눈에 잘 보이도록 가시화하기 위해 바닥면으로 연기를 조금씩 넣어준다. 이때 천장 중앙에서 공기를 빨아들이면 방 가운데 강하게 회전하는 회오리를 관찰할 수 있다.

과학관에 가지 않고 집에서 관찰할 수도 있는데, 욕조의 물이 배수구로 빠져나갈 때 배수구 부근에서 굉장히 빠른 속도로 회전하며 강한 회오리를 만드는 것을 볼 수 있다. 배수구로 내려가는 속도가 회전운동을 수직으로 잡아당긴 꼴이 되어 관성모멘트가 작아지고 강력한 회오리가 생긴 것이다. 이를 월풀whirl pool이라고 한다. 북반구에서는 코리올리스 Coriolis 힘*에 의해 반시계 방향으로 회전하고, 남반구에서는 시계 방향으로 회전한다. 회전 방향은 지구의 자전과 관련이 있다.

태풍이 많은 피해를 주는 것은 사실이지만 해롭기만 한 것은 아니다. 태풍은 바닷속 찌꺼기들을 휘저어주고 대기 중 정체된 공기를 뒤섞어주어 환경을 정화시킨다. 또 고온다습한 태풍은 물의 주요 공급원이기도 하다. 자연에는 필요 없는 것이 없다.

코리올리스 힘

회전운동하는 지구에서 물체가 운동을 하면 지구 자전의 영향을 받아 운동하는 속도에 비례하고 그 방향에 대해 북반구에서는 오른쪽, 남반구에서는 왼쪽으로 수직인 겉보기힘이 생기는데, 이를 코리올리스 힘 또는 전향력, 편향력이라고 한다.

8
초임계 유동
일영유원지 데이트

학창 시절 경기도 일영으로 데이트를 하러 간 적이 있다. 아직도 있는지 모르겠지만, 일영유원지에 가면 강물을 막아서 만든 꽤 커다랗고 네모 반듯한 천연 풀장이 있었다. 강바닥과 풀장 언저리에는 자연석이 그대로 둘려져 있고 주변으로 나무들이 우거져 경관이 좋고 물놀이하기에 안성맞춤이었다. 하류 쪽에 있는 콘크리트 강둑은 윗면이 편평하게 다듬어져서 사람들이 강을 건널 수 있게 되어 있었다. 비가 많이 온 후에는 강둑 위로 물이 흘러넘치지만 평상시에는 물이 말라 있어서 그 위를 걷는 데 별 불편함이 없었다.

햇볕이 따스하게 내리쬐는 한가한 오후, 전날 비가 와서 개울물이 꽤 불어 있었고 강둑 위로 물이 살짝 흘러넘치고 있었다. 수심은 얕지만 유

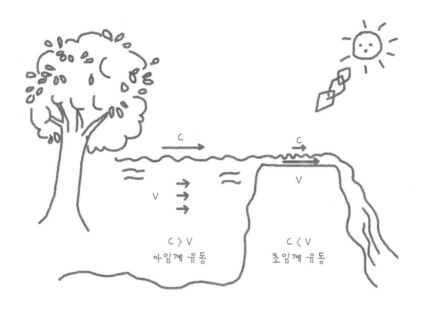

속은 꽤 빠르게 느껴졌다. 그 위로 한 발 한 발 신발 속으로 물이 들어오지 않도록 조심하면서 강둑을 건넜다. 물속으로 자갈돌과 콘크리트로 된 바닥이 투명하게 들여다보이고 신발 주위에서 물 표면이 햇빛을 반사하는 모습이 눈부시게 한눈 가득 들어왔다. 수면에는 잔물결이 일고 제자리에서 일렁이는 듯한 물결은 반짝이며 영롱한 광경을 만들어내고 있었다. 여태까지 본 적이 없는 상당히 기묘한 유체흐름이었다.

물은 꽤 빠른 속도로 신발을 가로질러 흐르는 반면 표면의 물결은 옆으로 전파되어 퍼지지 못하고 신발 주위를 희롱하며 맴돌고 있었다. 유동이 기이하게 보이는 이유를 생각해보니 표면의 물결이 움직이는 속도 c는 느린 데 비하여 물이 흐르는 속도 v는 상당히 빨랐다. 프루드수 Fr, Froude number가 1이 넘는 초임계超臨界, super-critical 유동인 것이다. 아! 여기서 신비스러운 초임계 유동을 보게 되다니….

$$Fr = \frac{V}{c} = \frac{V}{\sqrt{gL}} \sim \frac{유동의 속도}{파동의 속도} \sim \frac{관성력}{중력}$$

강물이나 도랑물의 흐름과 같이 표면이 존재하는 유동을 개수로開水路, open channel 유동이라고 한다. 그중에서 우리가 평상시에 보는 강물이나 바닷물의 흐름은 그 속도V가 표면에서 파동이 움직이는 속도c보다 느린 아임계亞臨界, sub-critical 유동이다. 머릿속으로 떠올려보자. 바닷물은 가만히 있는데 파도는 끊임없이 해안으로 밀려들어오고, 강물은 서서히 흐르는데 표면의 물결은 꽤 빠른 속도로 강가로 밀려온다. 이런 유동들은 우리에게 익숙한 유동으로서 공통점은 수심이 깊어 표면파동이 전파되는 속도가 유체가 흐르는 유동속도보다 빠르고 프루드수가 1보다 작다는 것이다.

덧붙여서 파동의 속도에 관해 살펴보면, 개수로 유동 이론에 따라 표면의 파동이 전파되는 속도는 수심의 제곱근에 비례한다. 다시 말해 수심이 깊을수록 파동의 속도가 빨라진다. 파도가 해안가로 밀려오면서 산머리가 하얗게 부서지는 원리가 여기에 있다. 해안으로 갈수록 수심은 낮아지므로 파도의 속도는 점점 느려진다. 이때 파도의 산머리 부분은 골짜기보다 상대적으로 수심이 깊기 때문에 진행속도가 빠르다. 따라서 빠른 속도로 진행하는 산머리가 앞으로 말리면서 엎어지는 롤오버roll-over 현상이 일어나는 것이다. 어쨌든 파동은 수심에 따라 속도는 달라도 정지해 있거나 매우 느린 물 표면을 따라 유속보다 빠르게 전파되어가기 때문에 이러한 유동들은 모두 우리들에게 익숙한 아임계 유동들이다.

프루드수가 1보다 큰 초임계 유동은 우리에게 그리 익숙한 유동이 아니다. 초임계 유동을 보고 싶다면 수력발전소에 가면 된다. 수문을 통과한 유동이 댐의 경사면을 따라 힘차게 쏟아져내려올 때 초임계 유동

을 볼 수 있다. 댐 경사면을 따라 물이 얇게 깔리면서 유속은 무척 빠른데 수심은 얕기 때문에 파동의 속도는 느린 전형적인 초임계 유동을 보인다. 아울러 물줄기가 경사면을 따라 내려오다가 어느 지점에서 갑자기 요동을 치면서 수심이 부풀어오르는 불연속적인 현상도 관찰할 수 있다. 수력도약水力跳躍, hydraulic jump이다. 수력도약이 일어나는 지점을 경계로 상류 쪽은 초임계 유동이고 하류 쪽은 아임계 유동이다.

아는 만큼 보인다고 집에서도 초임계 유동과 수력도약을 관찰할 수 있다. 부엌 싱크대에 수돗물이 한줄기로 얌전하게 떨어지도록 틀어놓고 싱크대 바닥면에 물줄기가 부딪히는 현상을 들여다보면 된다. 물줄기는 바닥면에 부딪히면서 둥그런 모양의 수력도약을 만들어낸다. 원형의 수력도약 내부에 잘 보이지 않을 정도로 얇게 깔리는 유동이 바로 초임계 유동이다. 젊은 시절 애인과 함께 일영유원지에서 신비롭게 경험했던 초임계 유동을 이제는 아내와 함께 설거지하면서 매일같이 경험하며 살고 있다.

9
유맥선
동창회

눈에 보이지 않는 유체의 흐름을 관찰하기 위해 연기나 염료 등을 주입하여 그 유동상태가 눈에 보이도록 하는 작업을 유동가시화^{flow} ^{visualization}라고 한다. 하늘에 구름이 떠다니는 모양이나 굴뚝에서 나오는 연기의 모습이 공기의 흐름을 이해하는 데 많은 도움이 됨을 떠올리면 이해할 수 있을 것이다. 유동을 가시화하기 위해 다양한 기법들이 사용되고 있으며 종종 멋진 유동가시화 사진을 만날 수 있다. 어떤 것들은 거의 예술의 경지에 이르렀다고 느껴지기도 한다.

유체유동을 나타내는 선으로 유선, 유맥선, 유적선이 있다. 모두 유체가 흐르는 방향으로 이어지는 선이지만 개념적으로는 서로 다르다.

첫째 유선$^{流線, streamline}$은 실제가 아니라 수학적인 개념으로서 어느 한

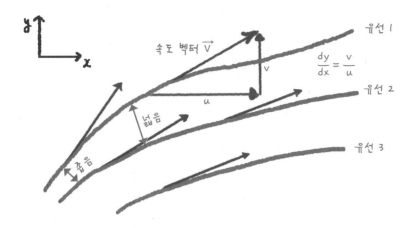

순간 각 점들의 속도 벡터의 접선을 연결한 선이다. 즉 유체의 속도는 유선의 접선 방향을 향한다. 유동은 유선을 따라 나란히 흐르기 때문에 절대로 이를 가로지르지 않는다. 따라서 유선이 좁아지는 구역에서 유속이 빠르다.

　둘째 유적선流跡線, path line은 유체 입자의 궤적을 나타낸다. 궤적이란 말 그대로 시간이 흘러감에 따라 입자가 지나간 경로다. 주어진 입자를 따라가면서 관찰하는 라그랑주 관찰방법에 따른 결과를 보여준다. 유적선은 주위에서도 흔하게 접할 수 있다. 카메라의 셔터를 열어놓고(B셔터) 움직이는 물체에 장시간 노출시키면 사진에는 길게 늘어진 선들이 찍힌다. 북극성을 중심으로 밤하늘의 별들이 그리는 원형 궤적을 찍은 사진이나 한해를 마무리하는 12월 달력에 흔히 등장하는 자동차 뒷부분의 붉은 미등을 흘려 찍은 사진 등이 그렇다. 유체 중에 떠 있는 입자를 이런 방식으로 길게 노출을 주고 찍으면 유적선이 나타난다. 궤적은 물체 A를 따라가면서 그 물체의 공간좌표 $\vec{x_A}$를 시간 t에 따라서 기술한 것이다.

즉 $\vec{x_A}=\vec{x_A}(t)$다.

마지막으로 유맥선流脈線, streakline은 어느 특정 지점을 통과한 유체 입자들을 연결한 선이다. 쉽게 얘기해서 굴뚝에서 나온 연기가 눈에 보이는 그대로 현재 이루고 있는 선의 형태를 말한다. 유맥선을 찍기 위해서는 유체에 연기나 염료를 주입하고 보통 사진 찍듯이 찰칵 찍으면 된다. 유맥선은 앞에서 설명한 속도 접선을 이은 유선이나 궤적을 나타내는 유적

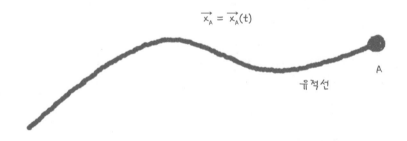

$$\vec{x_A} = \vec{x_A}(t)$$

유적선

A

선과는 전혀 다른 개념이다. 유적선이 다른 시간에 관찰된 같은 입자들의 모임이라면 유맥선은 같은 시점에 관찰된 다른 입자들의 모임이다.

유맥선을 이루고 있는 입자들은 공통적으로 동일한 굴뚝을 통과해 나왔지만 각 입자들은 시간차가 있다. 지금 막 굴뚝을 통과한 연기나 1초 전에 나온 연기나 그 이전에 나온 연기들이 연속적으로 한눈에 연결되어 보인다.

유맥선을 보면 마치 어느 학교의 동창회를 보는 것 같다. 1년 선배가 있고 2년 선배가 있고, 또 10년 선배가 있다. 이러한 선후배 졸업생들을 쭉 이을 수 있다면 유맥선, 아니 인맥선人脈線이 된다. 올해 졸업생은 지금 막 굴뚝 끝부분을 통과해서 하늘로 날아가려는 시점에 있고, 1년 전에 졸업한 선배는 굴뚝을 빠져나와 1년 동안 굴뚝으로부터 멀어져갔다. 5년 전, 10년 전 졸업한 선배는 각자의 인생경로를 따라 그만큼 더 멀리 날아갔다. 연배별로 선배들의 현재 위치를 살펴보면 몇 년 후 자신이 도달하게 될 인생의 경로를 대충이나마 예상해볼 수 있다.

시간이 흘러도 유동이 변하지 않고 일정한 상태로 유지되는 것을 정상상태라고 한다. 정상상태인 유동에서는 유선, 유적선, 유맥선이 모두

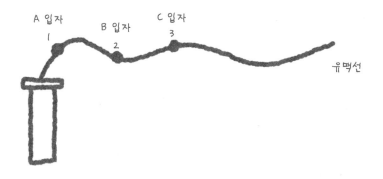

똑같은 모양이다. 굴뚝에서 나온 연기 형태, 즉 유맥선이 시간에 따라 변하지 않고 그대로 머물러 있는 것처럼 보인다. 그렇다고 연기 입자가 정지해 있는 것은 아니다. 이어져 나오는 각각의 연기 입자들이 이전에 지나간 입자들과 똑같은 궤적을 그리며 그대로 따라가는 것이다.

정상상태에서 유맥선과 유적선이 같은 것처럼 사회에 변화가 전혀 없는 상태라고 하면 자신이 걸어가는 길은 선배들이 지나간 길과 똑같을 것이다. 후배들은 선배들이 걸어간 인생경로를 그대로 따라가게 된다는 얘기다. 2년 후에 대리가 되고 5년 후에 과장이 되고 10년 후에 부장이 되듯이….

유맥선과 유적선의 차이를 확실하게 실험해보고 싶다면 목욕탕에 가서 샤워꼭지를 좌우로 흔들어보면 된다. 눈을 지그시 감고 바라보면 샤워에서 나오는 물줄기가 S라인 형태를 그리는 것을 볼 수 있다. 꾸불꾸불 휘어진 것처럼 보이는 전체적인 물줄기가 바로 유맥선이다.

다음으로 유적선을 보기 위해서는 개별 물방울의 움직임에 집중한다.

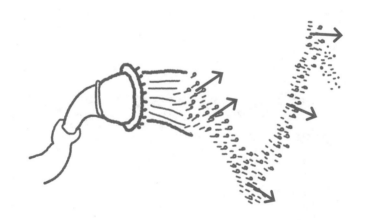

샤워꼭지의 흔들림에 현혹되지 말고 눈을 똑바로 뜨고 샤워꼭지를 떠난 하나의 물방울을 따라가본다. 개별 물방울의 궤적은 출발 당시의 속도에 따라 각기 방향은 달라도 모두 직선운동을 한다. 이 경우 유적선은 방사상으로 흩어지는 직선이다. 일단 물방울이 떠난 이후에는 샤워꼭지를 흔들었다고 날아가던 물방울의 궤적이 바뀌지 않기 때문이다.

10
칼만 보텍스
라면 국물 소용돌이

공기는 투명하기 때문에 움직임이 잘 보이지 않는다. 하지만 연기나 먼지가 섞여 있으면 움직임이 잘 보인다. 물도 맑기 때문에 관찰하기 어렵지만, 라면 국물처럼 스프가루라도 섞여 있으면 유동을 관찰하기 좋다. 스프가루가 유동가시화를 위한 추적 표지tracer 역할을 하기 때문이다.

라면 면발을 대충 건져먹고 난 후 국물을 젓가락으로 휘젓다 보면 젓가락 뒤쪽으로 따라가는 소용돌이vortex를 관찰할 수 있다. 좀더 체계적으로 관찰하고 싶다면 가급적 굵은 젓가락이나 원통형 막대를 수면에 수직이 되도록 세우고 반쯤 담궈서 수평 방향으로 천천히 움직여본다. 젓가락 뒤로 보텍스가 반복적으로 만들어지는 것을 볼 수 있다. 이때 눈을 젓가락 바로 위에 두고 아래쪽을 내려다보면서 젓가락과 같이 이동하면 상

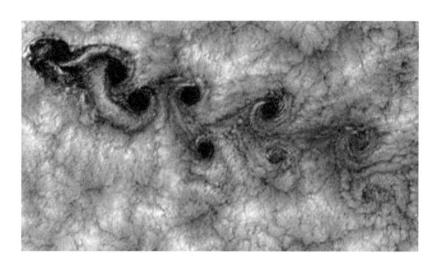

칠레 페르난테스 섬 주위의 구름 모습(위키피디아)

대적인 관측 좌표를 유지하면서 젓가락 뒷부분에 발생하는 보텍스를 관찰할 수 있다.

한강다리 위에서 아래쪽 교각이 있는 부분을 내려다보면 교각 하류 쪽에서 보텍스를 관찰할 수 있다. 보통은 얌전하게 흐르는 일정한 유동형태를 보이지만 비가 많이 온 후 어떤 때는 교각 주위로 한강물이 한 번은 왼쪽 한 번은 오른쪽으로 휘감아치는 모습을 보일 때가 있다. 또 바다 한복판에 떠 있는 섬 주위로 바람이 불 때 섬의 돌출된 곳 양쪽으로 번갈아가면서 구름이 형성되는 모습이 관측된다. 우리나라에서는 제주도에서 자주 일어나는데, 강한 대기가 위로 높이 솟은 한라산의 방해를 받으면서 양쪽으로 떨어져나가는 구름을 발생시킨다.

물체 주위로 유체가 흐르면 하류 쪽에 소용돌이 형태의 후류wake가 발생한다. 후류는 물체 하류 쪽에 생기는 유동을 말하는데 유속이나 물체

물체 뒤에 붙어 있는 보텍스(위키피디아)

의 크기에 따라서 다양한 형태를 갖는다. 보통은 물체의 중심선 양쪽에 크건 작건 대칭으로 두 개의 정지된 보텍스가 물체 바로 뒤에 붙어서 발생한다. 그런가 하면 어떤 때는 이들 보텍스가 주기적으로 한쪽씩 번갈아가면서 물체에서 떨어져나가기도 한다.

떨어져나간 보텍스는 유동에 실려 뒤로 흘러간다. 이러한 현상을 칼만 보텍스Karman vortex 현상이라고 한다. 반복적으로 보텍스 셰딩vortex shedding이 일어나는 현상이다. 셰딩이란 피부나 비늘 같은 것이 표피로부터 떨어져나간다는 뜻이다.

보텍스가 떨어져나가는 주기(시간 간격)는 물체의 지름과 유체의 속도 등으로 결정된다. 칼만 보텍스의 주파수를 무차원화한 수를 스트라울수Sr, Strouhal number라고 하며, 역시 무차원수인 레이놀즈수Re의 함수로 표현된다. 따라서 레이놀즈수가 주어지면 스트라울수도 결정된다.

$$Sr = \frac{fd}{V} = 0.198\left(1 - \frac{19.7}{Re}\right)$$

원통형 물체 주위에서 한쪽씩 떨어져나오는 칼만 보텍스(위키피디아)

스트라울Vincenc Strouhal(1850~1922)은 체코의 물리학자로 바람이 불 때 전
깃줄이 소리내 우는 현상에 관해 연구했다. 스트라울이 밝혀낸 바에 따
르면 보텍스가 번갈아 박리되면서 전깃줄이 아래위로 진동하고 이러한
진동은 그 주파수에 해당하는 소리를 내게 된다. 바람이 빠를수록 진동
수(주파수)가 높아지므로 고음을 내며, 느릴수록 저음을 낸다. 겨울밤 누
구나 한번쯤은 윙 하고 전깃줄이 우는 소리를 들어보았을 것이다.*

　공학적으로 칼만 보텍스 현상은 각종 구조물을 설계할 때 고려해야 하
는 사항 중 하나다. 칼만 보텍스 현상 때문에 굴뚝이나 건물과 같은 구조
물은 바람 방향과 직각 방향으로 진동하는 큰 힘을 받게 되고 심하면 무
너지는 일도 생긴다. 실제로 이를 제대로 설계에 반영하지 않아 1968년
영국 페리브릿지Ferrybridge 발전소의 냉각탑 세 개가 무너지기도 했다.

　커다란 건축 구조물뿐 아니라 자동차의 안테나, 잠수함의 잠망경 등 항
상 유동에 노출되어 있는 물체에 대해서는 칼만 보텍스 현상이 발생할 수
있다. 이런 물체들은 유체의 항력을 못 견디고 파손되기도 하지만, 보텍스

셰딩에 의해서 심하게 떨리거나 파손되기도 한다.

독일의 유명한 자동차회사에서는 안테나 떨림을 방지하기 위해 안테나 끝을 비대칭적으로 설계하여 규칙적인 칼만 보텍스가 일어나지 않도록 했다. 또 굴뚝이 지속적으로 진동을 받아 약화되는 것을 방지하기 위해 굴뚝을 따라서 나사산처럼 스파이럴 형태로 핀을 달아 지속적인 진동이 발생하는 것을 방지한 경우도 있다.

그런데 반대로 칼만 보텍스가 생기지 않도록 하는 것이 아니라 적극적으로 이용하는 경우도 있다. 보텍스 유량계가 그렇다. 관로 내의 유량을 측정하기 위하여 내부에 뭉툭한 물체를 넣어두고 그 물체가 진동하는 주기를 측정하여 관로 내의 유속이나 유량을 측정하는 것이다.

최근의 연구결과에 따르면 벌과 같은 일부 날벌레들은 비행하는 동안 자신의 날개 주위에 형성되는 보텍스로부터 에너지를 얻는다고 한다. 이들은 항력이나 진동을 유발하는 것으로 알려진 보텍스의 에너지를 적극적으로 활용하여 속도와 안정성을 얻는 것이다. 아직까지 원리가 확실히 연구되지는 않았지만, 내리치는 날갯짓을 한 후 원래 위치로 돌아올 때 날개를 약간 회전시키면서 앞서 날갯짓할 때 만들어진 공기 와류로부터 날개가 위로 받쳐지는 힘을 얻는다고 한다.

자연계에서 날벌레나 새들이 오래전부터 몸으로 터득하고 있던 칼만 보텍스를 유체역학 연구자들은 이제야 겨우 머리로 이해하기 시작하는 것 같다.

전깃줄이 부르는 노래는 어떤 노래?

지름이 10밀리미터인 전깃줄이 있고, 바람이 초속 22미터의 속도로 불고 있다. 이때 전깃줄에는 어떤 소리가 날까?

공기의 동점성계수를 16×10^{-6}이라고 하면 레이놀즈수는 $\frac{Vd}{\nu} = \frac{22(0.01)}{16 \times 10^{-6}} = 10,400$이다. 따라서 계산해보면 스트라울수는 약 0.2가 된다 $\left(0.198\left(1 - \frac{19.7}{10,400}\right) = 0.2\right)$. 그러면 주파수 $f = \frac{Sr \cdot V}{d} = \frac{(0.2)22}{0.01} = 440$ 헤르츠이므로 음계에서 도레미파솔 다음 라[A] 음이 된다. 이보다 바람 속도가 빨라져서 초속 24.7미터가 되면 시[B] 소리가 나고, 더 빨라져 초속 26.2미터가 되면 높은 도[C] 소리가 난다.

음계에서 한 옥타브 올라갈 때마다 주파수는 두 배씩 증가한다. 한 옥타브는 12간격의 반음(도, 도#, 레, 레#, 미, 파, 파#, … 라#, 시, 도)으로 나누어야 하므로 $x^{12} = 2$가 돼야 한다. 따라서 한 개의 반음이 올라갈 때마다 $x = 1.05946$배씩 주파수가 올라가는 것으로 이해하면 된다. 즉 도에서 도#이 되면 1.06배, 도#에서 레가 되면 또 1.06배, … 높은 도가 되면 1.06의 12제곱해서 두 배가 된다.

한 옥타브 사이의 음은 정확히 주파수가 두 배이기 때문에 밋밋한 소리를 만든다. 하지만 도와 미, 미와 솔은 각각 적당한 맥놀이를 하면서 조화로운 화음을 만든다. 반면 미와 파, 도와 레같이 서로 가까이에 위치한 음계는 주파수 차이가 너무 적어서 불협화음으로 들린다. 굵기가 다른 여러 개의 전깃줄들이 만들어내는 화음을 상상해보자.

11
베나드 셀
제주도 주상절리

날이 더울 때는 시원한 바람처럼 고마운 게 또 없다. 바람이 불지 않을 때도 내 몸에서 발생한 열이 위로 올라가면서 주변의 정체된 공기를 조금씩 내쪽으로 끌어들이며 아주 약하지만 냉각효과를 만든다. 그러나 이러한 자연대류에 의한 냉각효과는 바람이 불 때 발생하는 강제대류와는 비교가 되지 않을 정도로 약하다.

강제대류가 외부적 요인으로 발생하는 강한 유동에 따른 열전달 현상이라면, 자연대류는 물체 자신의 온도차 때문에 생기는 부력에 의해 스스로 발생하는 유동에 따른 열전달 현상이다. 자연대류 현상은 구름, 사막, 천체 등 자연계에서 흔히 관찰되는 유동 현상이다. 공학 분야에서도 의미가 있는데, 예를 들어 원자로의 냉각 시스템이 고장 나 강제대류를 시키지 못할 경우에는 열전달 효과가 크지는 않아도 비상 냉각수단으로서 매우 중요하다.

자연대류 현상은 열전달과 유체유동이 서로 연립되어 있는 현상이기 때문에 현상 자체가 복잡하고 해석하기도 만만치 않다. 여기서는 가장 단순한 형태의 자연대류, 즉 얇은 유체층에서 발생하는 자연대류를 소개한다.

수평으로 놓여 있는 정지상태의 유체층을 밑에서 가열하면 아래쪽에 있는 유체가 위쪽보다 가벼워지기 때문에 불안정해진다. 하지만 불안정한 정도가 그리 심하지 않으면 정지상태를 깨고 바로 유동이 시작되지는 않는다. 유체가 가지고 있는 점성이 유체가 움직이려는 것을 방해할 뿐 아니라 열이 주변으로 확산됨에 따라 온도차가 줄어들어 부력이 만드는 유동 발생력이 억제되기 때문이다.

자연대류 현상은 레일리수Ra, Rayleigh number라고 하는 무차원수로 설명된다. 레일리수는 주어진 온도차를 무차원화한 것으로 자연대류의 상대적인 강도를 나타낸다. 레일리수가 크다는 것은 유동을 억제하는 점성이나 열확산계수에 비해 부력의 세기가 강해서 자연대류 유동이 활발하게 일어남을 의미하고, 레일리수가 작다는 것은 그 반대다.

$$Ra = \frac{g\beta\,\Delta TL^3}{\nu\alpha} \sim \frac{\text{부력}}{\text{점성력}}$$

위 수식에서 분자에는 중력가속도 g와 열팽창계수 β, 아래위 온도차 ΔT 등 자연대류를 강하게 만드는 요인이 들어 있고, 분모에는 동점성계수 ν와 열확산계수 α와 같이 자연대류를 억제하는 요인이 들어 있다. 당연한 얘기지만 열팽창이 없거나 중력가속도가 없으면 자연대류는 발생하지 않는다.

자연대류의 강도가 강해져서 점성이나 열확산을 이겨낼 정도가 되면 드디어 유체가 움직이기 시작한다. 이러한 현상을 열적 불안정성thermal instability이라고 한다. 수평으로 놓인 얇은 유체층일 경우 레일리수가 1,708 이상이 되면 불안정해지기 시작해 비로소 유동이 일어난다.

하지만 아래의 가벼운 유체가 모두 위로 가고, 동시에 위에 있던 무거운 유체가 모두 아래로 위치 이동하는 것이 말처럼 쉬운 일이 아니다. 얇은 유체층 내에 교통경찰이 있는 것도 아니고 차선이 있는 것도 아닌데 어디가 상행선이고 어디가 하행선인지 정해져 있을 리가 없다.

그럼에도 일단 움직이기 시작하면 자기들끼리 약속이라도 한 듯 일정한 위치에서 상승하고 일정한 위치에서 하강하면서 규칙적인 육각형 패턴을 형성한다. 이를 베나드 셀Benard cell이라고 한다. 가장 규칙적이면서 이웃한 셀들과 잘 어울릴 수 있는 형태가 육각형 구조다. 육각형 구조는

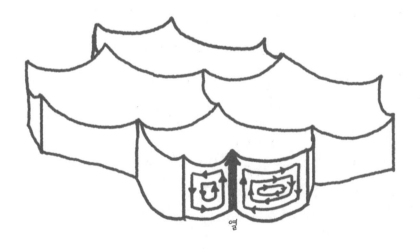

기하학적으로 대칭성과 반복성이 우수하고 유동학적으로 가장 안정적이고 효율적인 구조다.

제주도 서귀포에 가면 해안가에 주상절리柱狀絕理가 있다. 육각기둥 모양으로 갈라진 금을 가진 바위들이다. 바닷가에 검은 기둥이 줄을 지어 서 있는 모습이 일대 장관을 이룬다. 이 기둥이 바로 베나드 셀이다. 밑에서 올라온 뜨거운 마그마가 위에 있는 차가운 바닷물과 만나 냉각되면서 응고될 때 아래위 온도차 때문에 마그마 내에 자연대류가 일어나고 육각형 모양의 베나드 셀이 형성된 것이다.

베나드 셀에 의한 육각형 구조는 자연 속 여러 곳에서 관찰된다. 염전에서는 바닷물이 마를 때 온도뿐 아니라 소금의 농도구배(쉽게 말해 아래위로 농도가 다른 상태)에 의해 부력이 발생한다. 이때 염전 바닥에 육각형 모양으로 경계를 이루며 모래가 쌓이는데, 이것도 자연대류 유동에 의

해 생긴 것이다. 바닷속 산호초 표면에도 작은 베나드 셀이 형성되어 육각형 모양으로 움푹움푹 파여 있는 것을 볼 수 있다. 페인트 칠을 할 때도 베나드 셀에 주의해야 한다. 자동차 등 표면에 도장된 페인트는 마를 때 농도가 변하면서 작은 셀이 생기는데 이 때문에 도장 품질이 떨어진다.

더 가까이서 베나드 셀을 관찰할 수도 있다. 프라이팬에 기름을 얇게 깔리게 붓고 서서히 가열하면 기름 표면이 규칙적으로 오글오글하게 빛을 반사하거나 끓기 직전 기포에 의해 생기는 활발한 유동을 볼 수 있다. 물에 녹지 않는 가루를 기름에 뿌리면 더 잘 관찰할 수 있다. 서서히 온도가 올라가면서 셀 유동이 시작되는데 언제 시작될지 모르니 집중하고 들여다봐야 한다. 물론 기름이 튀지 않도록 조심하면서 말이다.

12
막걸리 유체역학
안전하게 막걸리병 따기

옛 주막집 골방. 탁주 한 사발과 두부 한 모를 시킨다. 흰색의 액체를 잔 가득 따르고 새끼손가락을 담궈 휘이 젓는다. 양손으로 탁주잔을 감아쥐고 턱수염을 담근 채 희뿌연 콜로이드 액체를 단숨에 들이킨다. 목구멍을 타고 넘어가는 탁주에 용해된 탄산가스가 방출되면서 꺼억 하는 트림을 만들어낸다. 뱃속은 막걸리 한 사발로 그득해지고 주막은 막걸리 냄새로 가득 찬다.

우리의 전통술인 막걸리는 미생물에 의해서 발효된 순수한 자연식품으로서 술인 동시에 건강식품이다. 술밥에 누룩을 넣고 온도를 유지하면 스스로 발효되어 부글부글 끓어오르기 시작한다. 시간이 지나 술항아리 안에 말갛게 뜨는 것이 맑을 청淸자를 붙인 청주고, 아래쪽에 걸쭉하게 가라앉는 것이 탁할 탁濁자를 붙인 탁주다. 위에 있는 맑은 액체를 덜어내고 남은 것을 막 걸렀다고 해서 막걸리라고도 부른다. 가라앉은 곡물 찌꺼기에는 유산균, 단백질, 탄수화물, 식이섬유, 유기산, 비타민 B와 비타민 C, 효모 등 각종 영양성분이 들어 있다. 예전에는 농민들이 즐겨 마셨다 하여 농주라고 했고, 배꽃이 필 무렵 누룩을 빚었다 하여 이화주라고도 했다.

발효과정에서 생기는 탄산가스는 막걸리의 맛을 제대로 나게 하는 중요한 요소지만, 한편으로는 막걸리의 상품화를 어렵게 하는 골치 아픈 존재다. 병에 담은 후에도 계속해서 가스가 생기기 때문에 내부 압력이 증가하여 새거나 터질 위험이 있다. 요즘은 탄산가스 발생이 적고 냄새도 거의 나지 않는 다양한 발효기술이 개발되어 다소 개선되었다고는 하지만, 아직도 병을 따는 순간 자칫하면 낭패를 보기 일쑤다. 그래서 침전물을 잘 섞으면서도 흘러넘치지 않도록 막걸리 따는 방법을 생각해봤다.

첫째 2차 유동을 이용한다. 이 경우 1차적으로 회전하는 유동이 1차

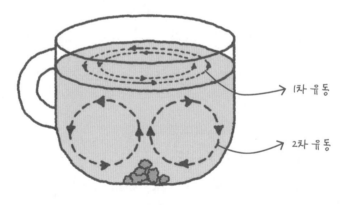

2차 유동에 의한 찻잔효과

유동이라면 원심력에 의해서 다른 방향으로 발생하는 유동은 2차 유동이다. 병목을 손아귀로 쥐고 병 아래쪽을 빙글빙글 돌리면서 침전물이 서서히 떠오르며 골고루 섞이도록 한다. 병을 돌리면 내부의 액체도 함께 회전하면서 회전하는 방향과 직각인 방향으로 2차 유동이 만들어진다. 중심에서는 원심력에 의하여 바깥쪽으로 향하는 유동이 생기고, 속도가 낮은 바닥 부근에서는 반대로 안쪽으로 향하는 유동이 생긴다. 이는 찻잔을 저으면 가운데로 찻잎이 모이는 현상과 동일한 현상으로 찻잔효과tea-cup effect라고도 부른다. 이러한 와류 형태의 2차 유동은 유체가 활발히 섞이도록 돕는다. 이 방법을 사용하면 병을 심하게 흔들지 않아도 침전물을 골고루 섞을 수 있어 곤란한 상황을 피할 수 있다.

둘째 침강효과를 이용한다. 첫 번째 방법과 똑같이 하되 병을 거꾸로 하여 빙글빙글 돌린다. 병을 거꾸로 들면 침전물이 자연 침강하는 효과까지 추가되어 침전물이 좀더 빨리 섞인다. 유체 속 입자가 중력에 의해서 자연 침강하는 속도는 입자의 무게와 유체항력이 평형을 이루는 종속도로 설명할 수 있다. 앞에서 큰 빗방울은 빠르게 작은 빗방울은 느리게 떨어지지만 자신의 무게와 공기의 항력이 평형이 되는 순간부터는 가속되지 않고 일정한 속도로 낙하한다고 설명했다. 이때의 속도가 종속도다. 잘 섞였다고 생각되면 병을 바로 세워 병마개를 딴다. 막걸리 병을 심하게 흔들어대지만 않는다면 성공할 확률은 매우 높다.

하지만 일이 잘못될 확률도 있다. 병마개를 따는 순간 액체 내부에서는 기다렸다는 듯이 기포가 사방에서 발생한다. 이렇게 발생한 기포들은 자신의 부피에 해당하는 만큼 전체 막걸리의 부피를 팽창시켜 액면의 높이를 상승시킨다. 더욱이 부력에 의해 기포들이 위로 움직일 때 점성으

로 주위의 액체까지 함께 끌고 올라가므로 액면을 더욱 상승시킨다. 상승된 액면의 높이가 병마개 아래 빈 공간을 채우고도 넘치면 결국 병 주둥이 위로 솟구치는 거다. 이런 비상상황에는 다음과 같은 방법을 취할 수 있다.

첫째 용해도를 이용한다. 병마개를 조금씩 열면서 추이를 살피다 내부의 기포상태가 심상치 않으면, 병마개를 다시 닫고 빵빵해진 병 가운데를 엄지손가락으로 꾹꾹 눌러서 기포가 도로 막걸리 속으로 녹아들어가도록 한다. 헨리의 법칙Henry's law에 따르면 액체 속에 용해될 수 있는 기체의 양은 압력이 높을수록 그리고 온도가 낮을수록 많아진다. 즉 압력을 가함으로써 액체 내 탄산가스의 용해도를 높여 도로 막걸리 속으로 용해되도록 하는 것이다.

둘째 충격을 이용한다. 숟가락 뒷면으로 병뚜껑을 몇 번 내리쳐 기포를 기절시킨다. 위에서 병마개를 내리쳐 충격을 주면 관성에 의해서 순간적으로 무거운 액체는 위로, 가벼운 기포는 아래로 향하려고 한다. 상상이 잘 가지 않으면 한번 생각해보자. 막걸리에 작은 쇳가루가 들어 있고 위에서 숟가락으로 내리쳤다. 그럼 쇳가루들은 관성에 의해 위로 올라가는 게 보일 것이다. 이와 반대로 가벼운 기포는 아래로 내려간다. 이렇게 하면 기포가 솟구쳐 오르려는 것을 막고 아래로 내려가도록 해서 막걸리 속에 용해될 시간을 줄 수 있다.

부수적인 효과도 있다. 충격 때문에 액체 표면 부근에서 발생한 거품들이 터져 주둥이에 가까운 액면은 깨끗이 정리되고, 내부에 있는 기포들은 액체 속으로 재정렬되는 효과를 보인다. 위험한 상황에서 실제로 큰 효과를 볼 수 있는 방법이다.

셋째 온도를 이용한다. 막걸리 병을 손바닥으로 감싸서 따뜻하게 하면 온도가 올라간다. 탄산가스는 저온에서 활발하게 움직이고 온도가 올라갈수록 활동이 주춤해진다. 하지만 온도가 올라가면 용해도는 떨어지므로 용해도 관점에서는 오히려 손해다. 온도상승법은 활동도와 용해도 측면에서 상반되므로 아직 확인되지 않은 방법이다.

마지막으로 시간에 의존한다. 아무리 터질 듯 부풀어 있더라도 시간이 지나면 자연스럽게 압력이 누출되고 기포가 진정되면서 모든 문제가 해결된다. 무모하게 따지 말고 여유를 가지고 기다리는 것이 마지막으로 권할 수 있는 방법이다.

어떤 사람들은 탄산가스가 무서워서 막걸리 병을 아예 흔들지 않고 침전물이 가라앉은 상태에서 위에 떠 있는 말간 액체만 따라 마신다고 한다. 하지만 막걸리의 고유한 맛을 위해서는 영양분 가득한 곡식 침전물도 톡 쏘는 맛의 탄산가스도 모두 포기할 수 없다. 다소 위험할지라도 말이다.

13

유체정역학

기립성 저혈압

유체역학은 공기나 물의 흐름을 다루는 학문으로 기계·건축·토목·항공·조선공학뿐 아니라 해양학, 대기학, 기상학 등 응용 범위가 매우 넓다. 유체역학은 눈에 보이지 않고 제멋대로 움직이는 유체의 흐름을 다루기 때문에 여러 역학 과목들 중에서도 어려운 편에 속한다. 하지만 유체역학에도 비교적 쉬운 부분이 있으니 정지된 유체를 다루는 유체정역학fluid statics이 그렇다. 유체정역학은 높이에 따라 압력이 얼마나 변화하는지 설명해주며 강둑이나 댐, 기름탱크 내 정수압(물의 무게에 의한 압력)을 계산하는 데 활용된다.

유체 내 압력은 수평 방향으로는 일정하지만 수직 방향으로는 위로 올라갈수록 선형적으로 감소한다. 쉽게 말해 물속으로 깊이 들어갈수록 수압이 높아지고 산에 높이 올라갈수록 기압이 낮아진다. 해발 1,708미터인 설악산 꼭대기의 기압은 속초 앞바다에 비해 20킬로파스칼ᵏᴾᵃ만큼 낮아진다. 1기압이 101.3킬로파스칼이니 절대압력으로 20퍼센트나 낮아진 셈이다. 실제로 높은 지대의 고속도로를 달릴 때 자동차 엔진의 공기 흡입량이 그만큼 줄어들어 출력이 떨어진다.

물의 경우에는 물기둥 10미터가 대략 1기압에 해당된다. 따라서 사람의 키를 1.7미터라고 할 때 발바닥에 작용하는 혈압과 머리의 혈압을 정수압으로 따지면 약 0.17기압, 그러니까 17킬로파스칼 정도 차이가 난다. 꽤 큰 차이다.

참고로 정상 혈압은 120/80mmHg(밀리미터 에이치지)다. 혈압의 단위인 mmHg는 수은기둥이 내리누르는 압력을 의미한다. 120mmHg는

120밀리미터의 수은기둥이 누르는 압력을 말한다. 수은의 비중은 13.6이니까 수은기둥 120밀리미터는 물기둥 1.63미터에 해당하므로 앞에서 계산한 머리와 발바닥의 압력차와 같은 정도라고 할 수 있다.

그러니 기린처럼 키가 큰 동물이라면 위아래의 혈압차가 상당하다. 기린은 지면 위로 약 6미터 정도 높이에 있는 풀을 뜯어먹을 수 있기 때문에 기린의 심장은 비교적 높은 압력 레벨로 혈액을 공급해야 한다. 그렇지 않으면 심장에서 멀리 떨어져 있는 머리까지 제대로 피가 공급되지 않는다. 반대로 아래쪽에 있는 다리는 높아진 압력 때문에 혈관이 터지지 않도록 해야 한다. 그래서 기린의 다리는 탄성밴드처럼 두껍고 단단한 피부막으로 싸여 있다고 한다. 또 높은 나무에 있는 풀을 뜯다가 머리를 숙여 지면의 물을 먹게 되면 순환계에 심각한 정수압 변동이 생기기 때문에 갑자기 머리를 숙였을 때 혈액이 역류하지 않도록 목 부분에는 일종의 밸브가 작동한다.

얼마전 북한산 등산을 마치고 근처 식당에 갔다가 쓰러진 적이 있다. 식사를 하기 전 시원한 맥주를 한 잔 들이키고 안주 삼아 고추를 한입 베어먹었다. 그러다가 속이 불편해 화장실에 가려고 벌떡 일어난 순간 갑자기 정신을 잃고 쓰러지고 말았다. 급하게 마신 차가운 맥주가 혈관을 수축시킨 탓도 있고(여름에 아이스크림을 급하게 먹으면 목 혈관이 수축해 두통이 생기는 원리), 빈속에 매운 고추를 먹어 체한 탓도 있으며(체하면 피가 위장으로 몰리면서 손발이 차가워지는 현상), 무엇보다 화장실에 가려고 벌떡 일어난 것이 뇌의 혈압을 떨어뜨린 탓에(유체정역학적 원리) 발생한 사고였다.

평소에 멀쩡한 사람도 누워 있다가 갑자기 일어나면 어지러움을 느끼고는 한다. 심한 경우 앞이 깜깜해지면서 잠시 정신을 잃기도 한다. 누웠다가 일어났을 때 수축기 혈압이 30mmHg(4kPa) 이상 또는 이완기 혈압이 10mmHg(1.4kPa) 이상 감소하면 기립성 저혈압이라고 한다.

혈액이 하지로 몰리면서 정수압을 받은 혈관이 팽창하고, 팽창된 혈관으로 몸속의 혈액이 대량으로 이동한다. 그러면 심장이 수축할 때 내보내는 혈액의 용적이 부족해지고, 뇌로 보내는 혈액의 양도 감소한다. 정상적인 상태라면 갑자기 자세가 바뀔 때 자율적으로 하지 혈관을 수축시켜 정수압에 의한 혈액의 쏠림현상을 방지한다. 또 심장이 수축할 때 혈액의 용적이 모자라게 되면 심장 박동수를 일시적으로 증가시켜 온몸, 특히 뇌로 가는 혈류가 일정하게 공급되도록 자율신경이 작동한다.

그러나 심장의 펌프 힘이 약하거나 자율신경에 조절장애가 생기면 뇌로 가는 혈압이 낮아지고 대뇌로 가는 혈류가 잠시 동안 감소하면서 산소 공급량이 떨어지고 이 때문에 의식소실 상태가 되기도 한다. 이를 미주 신경성 실신이라고 한다.

어쨌거나 실신은 여러 가지 이유로 해서 뇌로 가는 혈류가 원활하게 공급되지 않아 생긴다. 이러한 현상은 청소년기에도 많이 발생하는데 가만히 서 있다가 얼굴이 창백해지고 식은땀을 흘리며 힘이 빠지면서 의식을 잃는다. 체했을 때 실신하기도 한다. 체하면 피가 내장으로 몰리기 때문이다. 또 배변이나 배뇨시 긴장이 풀리면서 의식을 잃기도 한다. 살다 보면 스트레스를 받아서 쓰러지는 경우도 있고, 너무 흥분해서 쓰러지는 경우도 있다. 골프를 치다가 갑자기 졸도하는 사람도 의외로 많다고 한다. 이유야 어떻든 넘어지면 위험하다. 넘어지게 된 원인보다도 넘어짐 자체로 외상을 입는 경우가 많고, 특히 머리를 부딪쳐 생명을 잃기도 한다.

멀쩡한 사람도 갑자기 일어날 때 어지럼증이 생긴다. 그러니 가급적이면 갑자기 일어나지 말고 몸 내부에서 일어나는 혈액에 의한 유체정역학적 압력 변화를 느끼면서, 두뇌로 혈류가 정상적으로 공급되고 있는지 확인하며 천천히 움직이도록 하자.

14
사이펀 현상
계영배

커다란 물통 속에 호스의 한쪽 끝을 담그고 다른 쪽 끝은 물통 밖으로 늘어뜨린다. 밖으로 늘어진 호스 끝을 입에 물고 힘껏 빨아당긴다. 물통 속의 물이 호스를 타고 빨려오는 것이 느껴지는 순간 얼른 입을 뗀다. 한 번 빨려온 물은 그치지 않고 호스를 통과해 계속해서 흘러내려온다. 물이 빨려오는 순간의 타이밍을 못 맞추고 계속 입으로 빨고 있다가는 물 먹고 사레 들기 십상이다.

어릴 때 한번쯤 해봤음직한 일이다. 드럼통을 기울이지 않고 난로 기름통으로 옮길 때도 이런 방법을 사용한다. 이때는 자칫하면 기름을 먹을 수 있으니 더욱 조심해야 한다. 그래서 입으로 빠는 대신 기름 주름통(일명 자바라)이라는 일종의 수동 펌프를 이용하기도 한다.

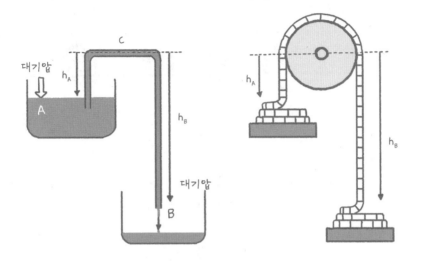

사이펀과 도르래의 닮음꼴 원리

이렇게 용기를 기울이지 않고 높은 곳의 액체를 낮은 곳으로 옮기기 위해 연결한 관을 사이펀siphon이라 하며 이러한 현상을 사이펀 현상이라고 한다. 사이펀 현상은 다른 구동장치 없이 단지 연결관 양끝의 정수압 차이에 의해서만 작동한다.

위 그림에서 사이펀을 중간의 가장 높은 점을 중심으로 오른쪽 관과 왼쪽 관으로 구별해보면, 오른쪽 관 끝은 왼쪽 관 끝보다 아래쪽에 위치하고 있다. 오른쪽 관에 들어 있는 액체는 자체 무게에 의해 아래로 흘러내리려고 하고 왼쪽 관에서도 자체 무게에 의해 아래로 흘러내리려고 한다. 하지만 오른쪽 액체 기둥(h_B)의 무게가 더 무거우므로 오른쪽 통으로 흘러가게 되고 왼쪽 통에서는 연속법칙(끊어지지 않고 이어서 따라가는 현상)에 의해 오히려 빨려올라간다. 한 번 그렇게 흐르기 시작하면 액면이 내려가 안쪽 관으로 더 이상 빨려올 액체가 없을 때까지 계속된다.

170

이것은 도르래 양쪽으로 걸려 있는 로프가 위에 있는 도르래를 거쳐 낮은 쪽으로 쏟아져내리는 현상과 똑같다. 여기서 로프 중간이 끊어지면 양쪽으로 로프가 흘러내리듯 사이펀 물기둥 중간에 기포가 들어가 연속성이 깨지면 관 속에 있던 물은 끊어져 양쪽 물통으로 흘러내리고 만다.

사이펀은 그리스의 수학자이자 발명가인 테시비우스Ctesibius(BC 285~222)가 처음 발명한 것으로 알려져 있지만, 이보다 훨씬 이전인 BC 15세기 이집트 벽화에도 항아리에 들어 있는 물을 사이펀으로 옮기는 모습이 그려져 있다. 사이펀의 원리는 기본적으로 정압(보통 압력)과 동압(운동에너지에 의한 압력)의 합은 일정하다는 베르누이 원리에 근거하고 있다.

A점과 B점 사이의 베르누이 관계에서 두 점 사이의 정수압 차이에 해당하는 크기만큼 동압이 발생한다. 또 C점과 B점 사이의 베르누이 관계에서 C점의 압력은 대기압보다 액체 기둥(h_B) 높이의 정수압만큼 낮아진다. 대기압보다 낮으면 진공상태라고 할 수 있으므로 가장 높은 C점은 진공상태가 되어 연결관이 납작해질 수 있다. 여기에 작은 구멍이라도 뚫려 있으면 외부에서 공기가 빨려들어간다.

$$P_\infty - \rho g h_A = P_C + \frac{1}{2}\rho V^2 = P_\infty + \frac{1}{2}\rho V^2 - \rho g h_B$$

A점　　　　　C점　　　　　　　B점

사이펀의 원리는 우리 주변에서 흔히 찾아볼 수 있다. 양변기의 물을 내리면 물이 오수가 내려가는 S트랩을 채우면서 사이펀 현상을 발생시킨다. 물이 단순히 트랩을 흘러갈 때와 비교하면 음압으로 강하게 빨려내려감으로써 적은 양으로도 큰 세정효과를 볼 수 있다.

171

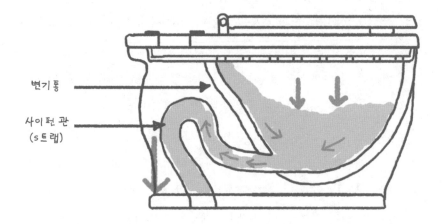

변기통 →

사이펀 관
(s트랩) →

사이펀 현상을 이용한 양변기

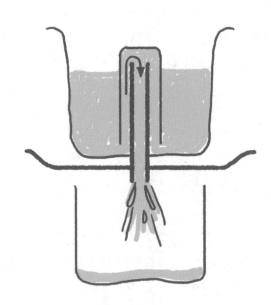

계영배

술잔 중에도 사이펀의 원리를 이용한 것이 있으니 계영배戒盈杯라는 것이다. 경계할 계戒, 가득찰 영盈, 잔 배杯라 해서 계영배다. 즉 과음을 경계하라는 의미를 갖고 있으며 절주배라고도 한다. 보통 잔과 다른 점은 가운데 기다란 막대가 올라와 있고 막대 아래쪽에 작은 구멍이 뚫려 있는데 여기에 사이펀의 원리가 숨어 있다.

처음 술을 따를 때는 보통 술잔처럼 바닥에 구멍이 있어도 술이 새지 않는다. 그러나 어느 선을 넘게 따르면 넘친 술만 흘러넘치는 것이 아니라 사이펀 원리에 따라 술잔에 있던 술 모두가 밑구멍으로 빠져나가 결국 빈 잔이 되고 만다. 무엇이든지 족함을 알고 넘치지 않도록 경계하라는 의미로서 과유불급過猶不及, 즉 넘치는 것은 모자라는 것만 못함을 가르치는 술잔이다.

15
인체 열전달
미네소타 추위

내가 유학했던 미국의 미네소타 지방은 추위로 유명하다. 겨울철에 쌓인 흰 눈은 태양열을 반사하기 때문에 대지의 온도가 올라가지 않고, 온도가 올라가지 않기 때문에 눈이 녹지 않는 추위의 악순환이 겨울 내내 반복된다. 실제로 미네소타에서 가장 큰 도시인 미네아폴리스의 겨울철 평균기온은 알래스카의 앵커리지보다 낮다.

'미네minne'는 인디언 말로 물, '소타sota'는 땅이라는 뜻이므로 미네소타minnesota는 결국 '물의 땅'이라는 뜻이다. 이곳은 옛날 빙하가 녹을 때 움푹움푹 파인 땅에 물이 고이면서 물인지 땅인지 모르게 물 반 땅 반으로 만들어졌다. 그래서 미네소타 주에는 크고 작은 호수가 많고 주변으로 나무가 많아 경관이 아름답다. 모든 차량 번호판에 '10,000 Lakes'라고 자랑스럽게 적혀 있을 정도다.

　조상들이 살던 자연환경과 흡사해선지 이곳에는 추위에 익숙한 스칸디나비아 출신들이 많이 거주하고 있다. 미네소타 사람들은 외지 사람들을 만나면 겨울철에 겪었던 무용담을 얘기하고 자기들끼리 모이면 추위에 관한 농담을 주고받으며 추위를 즐긴다.

　겨울에는 워낙 춥기 때문에 밖으로 다닐 필요가 없도록 시내의 건물들은 모두 스카이웨이나 지하통로로 연결되어 있다. 스카이웨이는 건물과 건물을 2층이나 3층 정도에서 서로 연결하는 통로다. 미네소타대학의 모든 건물들 역시 지하통로를 통하여 캠퍼스 어디든지 갈 수 있도록 설

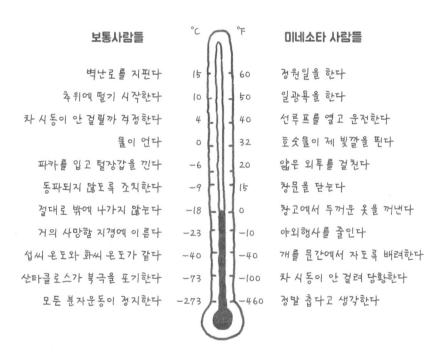

보통사람들	℃	℉	미네소타 사람들
벽난로를 지핀다	15	60	정원일을 한다
추위에 떨기 시작한다	10	50	일광욕을 한다
차 시동이 안 걸릴까 걱정한다	4	40	선루프를 열고 운전한다
물이 언다	0	32	호숫물이 제 빛깔을 띈다
파카를 입고 털장갑을 낀다	-6	20	얇은 외투를 걸친다
동파되지 않도록 조치한다	-9	15	창문을 닫는다
절대로 밖에 나가지 않는다	-18	0	창고에서 두꺼운 옷을 꺼낸다
거의 사망할 지경에 이른다	-23	-10	야외행사를 줄인다
섭씨 온도와 화씨 온도가 같다	-40	-40	개를 문간에서 자도록 배려한다
산타클로스가 북극을 포기한다	-73	-100	차 시동이 안 걸려 당황한다
모든 분자운동이 정지한다	-273	-460	정말 춥다고 생각한다

추위에 강한 미네소타 사람들

계되어 있다.

그렇기 때문에 집에서 나와 주차장까지 가는 시간을 제외하고는 바깥을 걷는 경우가 거의 없다. 부득이하게 외부에서 5분 이상 걸어야 할 때는 단단히 무장을 해야 한다. 하지만 실내는 따뜻하기 때문에 쉽게 입고 벗을 수 있도록 여러 겹을 껴입지 않는다. 속에는 얇은 옷을 입고 겉에는 두꺼운 외투나 스키비브ski bib 같은 것을 하나 뒤집어쓴다. 미네소타 사람들은 이를 옷clothing이라 하지 않고 흔히 단열재라는 의미의 인슐레이터insulator라고 한다.

이렇게 몸통은 단열한다 해도 외부에 노출된 얼굴, 특히 눈코 주위는 표면이 살짝 어는 것 같은 느낌을 받는다. 뺨이 얼어 표정이 안 만들어지고 눈물도 살짝 얼어 눈동자가 뻑뻑해지기도 한다. 마스크나 목도리를 둘러쓰면 숨 속의 증기가 엉겨붙어 목도리나 수염 주위에 하얀 서리가 맺힌다. 콧구멍으로 들어오는 공기는 너무 차갑기 때문에 한꺼번에 빨리 들이마시면 안 되고, 콧구멍의 단면적을 최대한 줄이고 조금씩 천천히 들이마시는 것이 좋다.

인류학적으로 검증된 것은 아니지만, 더운 지방에 사는 사람들은 콧구멍이 크고 둥글며 앞을 향해 시원하게 뻥 뚫려 있는 반면 추운 지방에 사는 사람들은 코가 높고 콧구멍이 길고 납작하게 눌려 있다. 이 모양을 열전달 측면에서 설명해보면, 길고 높은 코는 찬 공기가 폐에 도달하기 전에 콧구멍과 기도를 통과하는 동안 인체와의 열교환으로 덥혀질 수 있도록 충분한 시간을 확보하기 위한 것이고, 납작하게 눌린 듯한 긴 콧구멍 형상은 유동 단면을 줄여 많은 양의 차가운 공기가 한꺼번에 유입되지 않도록 제한하기 위한 것이라고 볼 수 있다.

176

미네소타 일기예보에서 보통 춥다고 하는 날씨는 서브제로subzero라고 하여 화씨로 영하가 되는 경우로 섭씨로 따지면 영하 18도다. 1년에 한두 번 지독하게 추운 날은 섭씨 영하 20도를 넘어서 영하 30도 가까이 내려간다. 이 정도 온도에서는 화씨 온도나 섭씨 온도가 거의 유사해진다. 참고로 섭씨 영하 40도는 화씨로도 영하 40도다.

윈드칠wind chill은 풍랭지수라고도 하며, 기온에 바람의 강도를 감안하여 설정한 지수로 사람이 느끼는 추위를 체감온도로 표시한 값이다. 1년에 한두 번 바람이 많이 불고 지독하게 추운 날은 풍랭지수가 화씨 영하 70~80도까지 내려가기도 한다. 이것을 조금 과장해서 얘기하면 실외 온도는 화씨로 대략 영하 100도고 실내 온도는 대략 영상 100도이므로 실내외 온도차는 200도다. 미네소타대학에서 예로부터 열전달과 공기조화 관련 연구가 활발했던 이유가 실내외 온도차가 커서 건축물을 대상으로 열전달 실험을 하기에 적합했기 때문이라는 농담도 있다.

미네소타에서는 10월 하순부터 눈이 오기 시작해 11월부터 다음해 3월까지 눈이 녹지 않는다. 눈이 오면 사람이 걸어다닐 수 있도록 자기 집 앞 보도에 쌓인 눈을 치워야 한다. 사람이 겨우 다닐 수 있을 만큼 눈을 치우고 나면 사람들은 허리 높이까지 쌓인 눈 사이의 좁은 통로를 따라 걸어다닌다. 눈이 많이 오지 않아도 한 번 쌓인 눈 위에 계속 쌓이므로 겨울 내내 눈의 높이는 점점 높아만 간다. 이런 환경 때문에 미네아폴리스 시는 훌륭한 제설 비상망을 구축하고 있으며, 전세계에서 눈을 가장 빨리 치우는 도시로 유명하다.

눈이 많이 와도 강추위 덕분에 덜 위험한 부분이 있다. 기온이 아주 낮을 때 눈이 오면 도로에는 특이한 현상이 발생한다. 녹지 않은 상태의

눈 입자는 마치 먼지처럼 하나의 고체 덩어리에 불과하다. 도로에 내린 눈은 차가 지나가면 녹다가 다시 얼어 바닥에 들러붙지 않고 먼지처럼 휙 날려버린다. 따라서 눈이 와도 생각만큼 미끄럼사고가 많이 발생하지 않는다. 오히려 시카고나 뉴욕처럼 살짝 추운 곳에서는 눈이 조금만 와도 바닥이 빙판이 되기 때문에 상당히 위험하다. 미네소타 사람들은 영하(서브제로)의 추위를 고마워하며 눈 입자가 흩날리는 안전한 도로 주행을 즐긴다.

16
실내환경 제어
지구와 우주선

　냉전시대 소련이 최초로 유인 우주비행을 성공시키자 이에 충격을 받은 케네디 대통령이 미국의 자존심을 되찾기 위해 추진한 프로젝트가 아폴로 계획이다. 인류 최초로 달에 발자국을 찍은 우주비행사 닐 암스트롱의 모습은 인류 전체에게 위대한 약진이었다. 최근에는 중국이 '신의 배'라는 뜻의 유인 왕복우주선 신주神舟를 연속해서 발사하면서 우주개발의 의지를 강하게 보이고 있다. 그런가 하면 엘론 머스크는 몇 년 후 우주선 재활용 기술을 이용해 상업적인 화성 우주여행을 시작하겠다고 공언하고 있다. 성공적인 우주개발은 국가적인 자긍심과 과학기술에 대한 자신감을 갖게 한다. 한편으로 우리나라는 언제쯤 우주개발에 나서고, 언제쯤 우주여행이 가능할지 모르겠다.

우주로 나가면 우주선 안에서 무중력상태가 되어 몸이 둥둥 떠다니는 가 하면 지구에서는 경험할 수 없는 여러 가지 신기한 체험을 하게 된다. 그런데 무중력상태가 마냥 신기하기만 한 건 아니다. 근육이 퇴화하고 혈액순환에 영향을 주는 등 인체에 여러 가지 악영향을 미치기도 한다.

넓고 거친 우주공간에서 인간이 생존할 수 있는 것은 인공환경 제어 기술 덕분이다. 지구와는 전혀 다른 극한의 환경 속에서 우주선은 지구 환경과 유사한 인공환경을 제공해주고 있다. 우주선 실내의 환경제어 및 생명지원 시스템은 인간이 가지고 있는 최고의 기술들을 조합한 것이다. 지구상에서 우리가 당연하게 받아들이는 물리적 환경들을 모두 인위적 으로 만들어내야 한다.

우선 압력 제어장치를 이용하여 선실 내의 기압을 대기압과 같은 상 태로 유지한다. 공기의 압력이 변하면 물의 비등점(끓는점)이 급격히 변 하기 때문에 인체의 체액이 증발하거나 끓을 수 있다. 또 열을 제어하여 선실 내 온도를 상온으로 유지하고 우주인의 열적평형을 유지해준다. 우 주공간에서 태양 복사가 도달하는 면과 도달하지 않는 그늘 면의 온도차 는 수백 도에 이른다. 우주선 외피의 완벽한 단열을 통해 이러한 극한 조 건을 차단하고 히트 파이프와 콘덴싱 열교환장치를 이용해 실내의 온습 도를 일정하게 유지한다.

우주선 환경의 또다른 특징은 닫힌계closed system라는 점이다. 닫힌계란 우주공간으로부터 고립되어 있어서 우주공간과 물질적으로 전혀 소통하 지 못하는 상태를 말한다. 싣고 간 산소와 식량은 시간이 지남에 따라 점 차 소진되어 다른 형태로 변환된다. 대소변은 바깥으로 바로 버리지 못 하기 때문에 일부 처리되어 선실 내 어딘가에 보관된다. 호흡에 필요한

산소는 한정된 용량의 액체 산소통으로부터 공급받으며 질소와 산소 비율은 지구 대기와 동일한 비율로 조절된다.

특히 호흡에 의해 발생되는 이산화탄소는 지속적으로 제거해야 한다. 바깥 공기와 환기되지 못하기 때문에 능동적으로 제거하지 않으면 우주선 내의 이산화탄소 농도는 계속해서 올라간다. 공기 중의 특정 가스를 추출하여 제거하는 것은 공급하는 것보다 몇 배 더 어려운 작업이다. 주로 일회용 수산화리튬 카트리지를 장착한 특수 필터로 흡착해 제거한다. 카트리지는 주기적으로 교체해야 한다.

따라서 아무리 최고의 인공환경 제어기술을 이용한다 하더라도 우주선의 실내환경과 같은 닫힌계는 일정 기간 이상 지속이 불가능하다. 시간이 흐름에 따라 우주선 내의 돌이킬 수 없는 비가역과정에 의해 산소와 식량이 고갈되고 선실 내에 폐기물이 쌓인다.

우리가 함께 타고 있는 지구라는 우주선도 우주 속에 고립되어 있기는 마찬가지다. 지구는 우주공간에 대하여 열적으로는 열려 있지만 물질적으로는 거의 닫혀 있다. 가끔 지상으로 떨어지는 운석이나 우주 미아가 된 우주선 정도가 교환되는 물질의 전부다. 지구상에 있는 물질은 그 상태만 바뀔 뿐 근본적으로 없어지거나 새로 만들어지는 일은 없다. 즉 질량은 보존된다. 그런 의미에서 지속가능한 지구환경을 만들어나가는 것은 매우 중요하다.

다행스러운 건 지구가 자연적인 순환 시스템을 갖고 있으며, 크기가 꽤 크기 때문에 환경이 우주선처럼 그리 빠르게 악화되지는 않는다는 점이다. 그러나 지구환경도 시간 스케일에 차이가 있을 뿐 작동하고 있는 물질 순환 시스템이 깨지기 시작하면 필요한 자원들은 점차 소진되고 폐기물은 쌓여가는 우주선과 같은 처지가 될 수 있다. 아니 이미 그런 길로 들어섰는지도 모른다. 땅속에 묻혀 있는 화석 연료통은 소진되고 있으며 대기 중 이산화탄소 농도는 올라가고 있다.

우주선을 타고 있는 우주인들의 일면 당당해 보이는 모습에서 우주를 정복했다는 자신감보다는 인간이 우주 속에서 얼마나 보잘 것 없는 존재인가 하는 겸손함과 지구환경에 대한 고마움을 느껴야 하지 않을까?

3부

이렇게 생각하고,
저렇게 생각하고,
다르게 보이는 세상 속에서

1

물체의 자유도

무한대의 자유인

학교마다 교훈이 있고 반마다 급훈이 있다. 내가 다니던 고등학교의 교훈은 '자유인, 문화인, 평화인'이었다. 학생 때는 교훈이나 급훈 같은 것에 별로 주의를 기울이지 않는데, 우리 학교 교훈은 좀 특이했다는 생각에 아직도 기억이 난다. 보통 교훈이라 하면 근면, 성실, 인화, 단결, 정직 등 실질적으로 와닿는(?) 도덕적인 내용일 경우가 많은데, 자유, 문화, 평화라니, 아무래도 당시 고등학생은 소화하기 버거운 추상적인 가치가 아니었나 싶다.

자유란 구속이나 지배를 받고 있지 않은 있는 그대로의 상태, 즉 속박이 없는 상태를 의미한다. 누군가 자유롭다는 건 그 사람이 자신의 의지에 따라 스스로의 운명을 결정하고 개척할 수 있는 상태에 있음을 의미한다. 여기서 말하는 구속은 외부의 권력뿐 아니라 내부적인 거리낌이나 스스로의 속박으로부터 자유로운 것까지 포함한다.

우리나라 헌법에는 양심의 자유, 표현의 자유, 종교의 자유, 결사의 자유 등이 국민의 기본법으로 명시되어 있다. 이러한 자유가 주어져 있을 때는 그것이 너무나 당연한 것이기에 자유가 얼마나 소중한지 깨닫기 어렵다. 암울했던 일제시대나 독재시대와 같이 자유가 구속되고 억압받던 시대라면 자유의 가치는 더욱 빛난다.

내가 대학생 때는 술집에서 술을 마시면서도 항상 입조심을 해야 했다. 뭐 대단하게 정권을 비판한 것도 아니고 더더욱 국가 전복의 의도는 전혀 없었지만 세상살이에 대해 이야기하다 보면 자칫 국가보안법에 저촉되어 쥐도 새로 모르게 잡혀가는 경우가 있었다. 대중음악, 영화 등도 검열의 대상이었고, 각종 집회를 갖는 것도 허가를 받아야 했다.

자유의 반대는 구속이다. 강아지를 개줄에 묶어놓으면 줄 길이 이내의 반경에 머물도록 구속된다. 기차는 철길을 따라 한 방향으로만 운동

할 수 있도록 레일에 의해 구속된다. 공학이나 물리학에서 구속의 정도 또는 자유의 정도를 표현하는 말로 자유도^{degree of freedom, DOF}라는 말을 쓴다. 자유도는 수학이나 통계학에서도 사용된다. 분야에 따라서 약간씩 다른 의미로 쓰이기는 하지만, 주어진 변수의 값이 얼마나 자유롭게 변경될 수 있는가를 나타낸다. 변수값이 일정한 값으로 정해져 있으면 그 변수는 구속되었다고 한다.

동역학에서의 자유도란 물체가 공간상에서 독립적으로 움직일 수 있는 여지를 말한다. 특정한 운동만을 수행하도록 물리적으로 제한하는 조건을 구속조건^{constraint}이라고 하는데, 구속되지 않은 하나의 물체는 기본적으로 좌우, 전후, 상하 세 가지의 직선 왕복운동과 x, y, z 방향을 축으로 하는 세 방향의 회전운동, 총 여섯 개의 자유도를 갖는다.

회전에 있어서 방향이라 함은 오른나사법칙에 따라 나사가 회전할 때 앞으로 진행하는 방향을 의미한다. 비행기를 예로 들면 회전 방향에 따라 롤링^{rolling}, 피칭^{pitching}, 요잉^{yawing}이 있다. 롤링은 비행기가 수평상태에 있다가 좌우로 기우뚱거리는 것을 말하며, 피칭은 앞뒤로 기우는 것, 그리고 요잉은 비행기가 좌우로 방향 전환하는 것을 말한다. 비행기 진행 방향이 x축, 양날개쪽 방향이 y축, 위쪽 방향이 z축인 좌표라면, 롤링은 x 방향의 회전을 의미하는데 x 방향 회전이란 x 방향을 회전축으로 하는 회전이다. 피칭은 y 방향 회전이고, 요잉은 z 방향 회전이다.

좀더 쉽게 사람의 머리 움직임으로 설명하면 롤링은 고개를 옆으로 갸우뚱 갸우뚱하는 것이고, 피칭은 아래위로 끄떡끄떡하는 것, 요잉은 좌우로 도리도리하는 것이라고 할 수 있다.

1차원 운동은 전후 또는 좌우의 직선운동만 가능하고 회전은 할 수

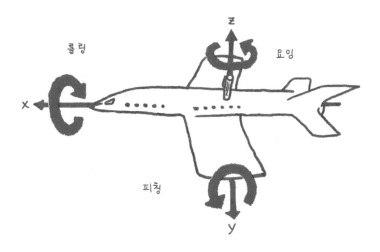

없다. 따라서 직선운동 자유도는 1, 회전운동 자유도는 0이다. 2차원 평면운동에서는 전후와 좌우, 두 개의 직선 자유도가 있고, 평면상에 머물면서 회전할 수 있기 때문에 평면에 수직 방향으로 한 개의 회전 자유도를 갖는다. 따라서 총 세 개의 자유도를 갖는다. 3차원에서는 앞에서 설명한 바와 같이 세 개의 직선 자유도와 세 개의 회전 자유도를 합친 여섯 개의 자유도를 갖는다. 자유도의 개수를 n차원 운동에 대해 일반화하면 직선운동은 n개이며, 회전운동은 $\frac{n(n-1)}{2}$개로 총 $\frac{n(n+1)}{2}$개의 자유도를 갖는다.

자동차 엔진의 피스톤은 바깥 실린더에 구속된 채 1차원적으로 왕복 직선운동만을 하므로 총 자유도는 한 개다. 또 플라이휠은 베어링에 구속되어 축을 중심으로 하는 회전운동만 한다. 2차원 평면운동이 가진 세 개의 자유도 중에서 직선 방향으로는 자유도가 없고 하나의 회전 자유도만 있기 때문에 총 자유도는 역시 한 개다.

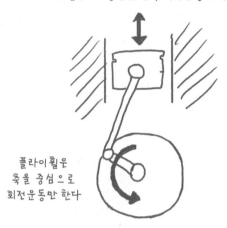

피스톤은 1차원적인 왕복 직선운동만 한다

플라이휠은
축을 중심으로
회전운동만 한다

하나의 3차원 기계부품이 여섯 개의 자유도를 모두 갖도록 설계하는 경우는 거의 없다. 보통은 특정한 기구학적 운동을 유도하기 위해 구속 조건을 주고 특정한 한두 가지의 운동만 할 수 있도록 한다. 로봇의 경우 관절은 롤링, 피칭, 요잉 등 세 개의 회전 자유도를 주기 위한 부품이지만, 보통은 이중에서 한두 개의 자유도만을 갖도록 설계한다. 물론 원한다면 세 개의 회전 자유도에 추가해 관절을 뺐다 늘렸다 하는 직선 자유도를 줄 수도 있지만 굳이 하나의 부품으로 그렇게 복잡한 운동을 하게 하지는 않는다. 기계들이 복잡한 운동을 해야 할 때는 이러한 단순한 부품들을 여러 개 조합하여 자유도를 늘린다.

로봇의 관절 하나하나는 세 개의 자유도를 갖지만, 여러 개의 관절을 연결하면 자유도를 높여 무궁무진한 운동을 할 수 있다. 우리가 가지고 있는 어깨, 팔꿈치, 팔목, 손가락 등을 봐도 알 수 있다. 우리는 이러한 관절들을 이용해 팔이 닿는 거리에 있는 3차원 공간 내 어느 위치 어느 각도에도 도달할 수 있고, 어떤 복잡한 운동 궤적이라도 만들 수 있다.

스스로 로봇이 되었다고 생각하고 일단 어깨와 팔꿈치 두 개의 관절만 움직이는 실험을 해보자. 세세한 손가락과 손목의 움직임을 신경쓰지 않으려면 주먹에 권투 글러브를 끼었다고 생각하고 허공을 휘저으며 춤을 추든지 글씨를 쓰든지 움직여보자. 팔 길이 안에서는 주먹이 어디든 가지 못하는 곳이 없고 두 개의 관절만 이용했을 뿐인데 아주 복잡한 움직임도 할 수 있다. 자유도가 상당히 높다. 여기에 손목과 손가락 관절운동까지 추가하면 더욱 높은 자유도를 누릴 수 있다.

인류의 역사는 국가 권력, 종교 등으로부터 자유를 쟁취하기 위한 투쟁의 역사다. 외부로부터 자유를 얻어내기 위한 투쟁은 지금도 계속되고 있으며, 아마 인류 역사가 끝나는 날까지 계속되지 않을까 싶다. 그런데 내 자유를 속박하는 것은 내 안에도 있다. 나의 욕심, 고정관념, 어리석음 같은 것 말이다. 《논어》에서 공자는 70세가 되면 "무엇이든 하고 싶은 대로 하여도 법도에 어긋나지 않는다七十而從心所欲 不踰矩"고 했다. 그래서 일흔을 종심從心이라고 한다. '마음대로' 또는 '마음이 가는 대로'라는 뜻이다. 마음이 시키는 대로 무엇을 하든지 아무것도 거리낄 게 없고 아무것에도 속박받지 않는 완전한 자유인의 상태다. 불교에서 말하는 무애無碍, 즉 '거리낌이 없다'는 말과도 일맥상통한다.

언젠가는 나도 모교 교훈 첫줄에 있던 자유인, 무한대의 자유도를 갖는 진정한 자유인으로 살아갈 수 있는 날이 오기를 바라본다.

2
스트레스
열대어 살리기 대작전

새 학기가 시작되면 새롭고 설레는 마음에 즐겁기도 하지만 한편으로는 공부와 시험, 연구와 교육 등 각종 업무에 관한 스트레스도 새로운 시작이다. 어쨌든 우리는 매일 크고 작은 스트레스를 받으며 살고 있다. 스트레스는 외부에서 상해나 자극이 가해졌을 때 체내에서 일어나는 긴장 상태를 말한다. 스트레스가 한계를 넘으면 우리는 견디지 못하고 병이 나고 만다.

구조역학에서는 스트레스stress를 가리켜 응력이라고 한다. 물체가 응력을 받으면 물체는 변형을 일으킨다. 잡아당기는 응력을 인장응력tensile stress, 누르는 응력을 압축응력compressive stress 또는 압력이라고 한다. 간단한 예로 막대기나 고무줄을 잡아당기면 길이가 늘어난다. 늘어난 길이는 가해진 인장응력에 비례한다. 늘어난 길이를 원래의 길이로 나누어준 것을 변형률strain이라고 한다. 압축응력도 방향만 반대일 뿐 마찬가지다. 몇 퍼센트가 늘어났느냐 또는 줄어들었느냐 하는 것이다.

변형률과 응력은 탄성한계(탄성이란 잡아당기더라도 다시 원래의 상태로 돌아오는 성질을 말하며, 탄성한계를 벗어나면 탄성을 갖지 못한다) 내에서 비례관계에 있다. 이때의 비례상수 E는 재료의 고유한 물성치로서 영의 탄성계수Young's modulus라고 한다.

$$\sigma = E\varepsilon$$

여기서 σ(시그마)는 응력으로서 단위 면적당 힘의 단위를 갖고, ε은 변형률로 총 길이 대비 늘어난 길이를 나타내며 무차원이다. 잘 늘어나지 않는 물질은 탄성계수 E값이 크고, 잘 늘어나는 고무줄 같은 것은 E값이 작다.

고무줄을 살짝 잡아당겼다가 놓으면 탄성이 있어서 원래의 상태로 돌아오지만 어느 한계를 넘으면 끊어지고 만다. 이 한계를 항복점yield point이라고 한다. 그런데 응력이 항복점을 넘지 않더라도 반복해서 응력을 받으면 재료가 피로fatigue해진다. 일정한 피로의 한계를 넘으면 역시 재료는 파괴된다. 항복점을 넘지 않는 작은 힘이더라도 고무줄을 당겼다 놨다 계속해서 반복하면 재료가 피로해져서 끊어지고 만다.

이따금씩 발생하는 교량이나 구조물 붕괴 사고도 피로에 의한 경우가 많다. 멀쩡하게 잘 사용하던 것이 어느 날 갑자기 무너진다. 설계 하중 이상의 힘이 작용하여 단번에 파괴된 것이 아니라 설계 하중 아래의 작은 힘이라도 반복해서 작용한 결과 어느 날 피로를 이기지 못하고 무너져버리는 것이다.

재료가 받는 스트레스는 사람이 받는 스트레스와 많이 닮아 있다. 과도한 스트레스를 받으면 파괴되고 반복되는 스트레스를 받으면 피로해진다. 피로가 쌓이면 결국 파괴되고 만다. 파괴되지 않으려면 과도한 스트레스를 받지 않도록 해야 하고 반복되는 스트레스에 피로해지지 않도록 해야 한다.

그러나 다른 한편으로 생각하면 적당한 스트레스는 생활에 활력을 불어넣는 꼭 필요한 요소다. 스트레스가 전혀 없는 생활은 아무 자극이 없는 죽은 생활과 같다. 약간의 스트레스와 적당한 갈등은 살아 있음을 일깨워주고 경쟁심과 생존본능을 자극하여 우리를 움직이게 만든다.

열대어는 특별히 스트레스에 약하다. 열대어를 잘 키우려면 스트레스를 받지 않도록 수조의 온도나 환경, 먹이 등에 각별히 신경을 써야 한다.

스트레스 없이 잘 자란 열대어는 지느러미가 커다랗고 움직임도 아주 여유로우며 우아한 자태를 뽐낸다. 그러나 이렇게 잘 키운 열대어를 먼 곳으로 이송하면 대부분 죽어버린다고 한다. 작은 스트레스도 견디지 못하기 때문이다. 사람들은 열대어를 스트레스 안 받게 이송할 수 있는 방법을 궁리했다. 물의 온도를 정밀하게 제어하고 외부를 깜깜하게 하고 흔들림이 없도록 천천히 이송하는 등 이동하고 있음을 전혀 눈치채지 못하도록 온갖 정성을 기울였으나 어떤 방법도 성공하지 못했다.

그러던 중 오랫동안 열대어를 키워온 한 노인이 간단한 해법을 제시했다. 열대어 수조에 자라 한 마리를 넣으라는 것. 자라를 수조에 넣으면 열대어가 스트레스를 엄청 받고 죽을 것 같은데 말이다. 아닌 게 아니라 열대어들은 자라가 가만히 있는데도 불구하고 스스로 스트레스를 받아 이리 움직이고 저리 움직였다. 그러는 과정에서 지느러미가 찢어지기도 하고 꼬리 일부가 떨어져나가기도 했다. 그러나 움직임은 민첩해졌고 눈동자는 빛이 났다. 비록 나른하고 유연한 자태는 사라졌지만 결과적으로 대부분이 살아남았다. 지금도 열대어 이송에는 이런 방법을 이용한다고 한다.

스트레스는 우리를 힘들게 하지만 한편으로는 우리를 강하게 만든다. 과도한 스트레스는 몸과 마음을 망가뜨리지만 적당한 스트레스는 삶에 생기를 불어넣는다. 생활하면서 너무 편안한 상태만 좇지 말고 적당하게 스트레스를 즐기도록 하자.

3
줄력 해방
우주쓰레기

　이 세상의 모든 것은 중력의 지배를 받는다. 나무에 매달린 사과, 식탁 위에 놓여 있는 물컵, 우뚝 서 있는 건축물, 하늘을 나는 새, 어떤 것 하나 중력으로부터 자유로운 것은 없다. 공중으로 던져진 돌멩이는 여지없이 땅으로 떨어지고, 물은 흘러내려 가장 낮은 곳에서 수평면을 이룬다. 인공위성이 지구 주위를 도는 것이나 달이 공전하는 것 모두 중력의 존재를 드러낸다. 중력은 질량을 가지고 있는 '모든' 것에 작용하는 힘이라 하여 만유인력萬有引力이라고도 한다.

　우주에는 네 가지 힘이 존재한다. 강한 순으로 강력, 전자기력, 약력, 중력이다. 강력과 약력은 원자핵 내의 짧은 거리에서 작용하는 힘으로 각각 양성자나 중성자를 묶어두는 강한 힘과 중성미자를 매개로 발생하는 약한 힘이다. 전자기력은 중력과 마찬가지로 먼 거리에 작용하는 힘이지만 중력에 비해 훨씬 강하다. 전기력과 자기력은 음극과 양극 또는 N극과 S극 사이에 작용하는 힘으로 원래는 각각 다른 힘이라고 생각했으나 결국 하나의 힘이라는 것이 밝혀졌다. 여기서 한걸음 더 나아가 대통일장이론에 따르면 중력을 제외한 나머지 세 개의 힘은 하나의 보편적 물리법칙으로 설명될 수 있다고 한다. 우리에게 가장 친숙한 중력이 물리학적으로는 가장 이해하기 어려운 힘인 셈이다.*

우리는 잠시도 중력의 속박에서 벗어날 수 없다. 중력이 없으면 지금과 같은 모습으로 생활하는 것이 불가능하다. 균형을 잡지 못해 넘어지고 계단을 오르내릴 때도 힘이 든다. 우리 몸의 세포 하나하나가 어느 한순간도 중력으로부터 벗어날 수 없음에도 우리는 이 절대적인 굴레로부터 탈출해 자유로워지는 상상을 한다.

건축가들은 건축물을 설계할 때 숙명적인 중력에서 벗어나고 싶어 한

물리법칙을 거부한 상상의 건축물(www.boredpanda.com)

다. 왜 건물은 수직으로 올라가야 하고 바닥면은 땅에 붙어 있어야 하는지, 왜 모든 가구들은 방 아래쪽에 배치되고 전등은 천장에 매달려 있어야 하는지 불만(?)을 갖고 새로운 시도를 한다. 놀이공원에 가면 방바닥을 벽처럼, 벽을 천장처럼 보이도록 그림을 그려놓고 착각으로나마 중력에 반항하고자 하는 곳이 있다. 이 방에 들어선 사람들은 낯설면서도 신기한 느낌에 즐거워한다.

제주도에는 중력을 거슬러 물건이 데굴데굴 굴러 올라가는 도로가 있다. 도깨비 도로라고 불리는 이 길은 사실 착시현상 때문에 내리막길이 오르막길로 보이는 곳이다. 많은 관광객들이 이곳을 찾아 물병 등을 굴리면서 환호한다. 또 영화나 다큐멘터리에서 우주선 안 우주인들이 공중을 둥둥 떠다니는 모습을 보면서 상상력까지 해방된 완전한 자유인의 모습을 꿈꾼다.

책상 위에 있는 물건들이 하나둘씩 공중으로 떠오르기 시작한다. 볼펜이며 메모지며 할 것 없이 책상으로부터 모두 이탈한다. 수평을 유지하던 컵 속의 물은 해체되어 방울방울 부서지고 물 따로 컵 따로 떠오른다. 그나마 표면장력이라는 것이 있어서 물방울이 더 이상 미세하게 부서지지 않는 것이 다행이다. 그런가 했더니 이제 책상이 통째로 들리기 시작하고 방안에 있던 소파나 TV도 움직인다. 벽에 걸려 있는 액자와 천장에 매달려 있는 전등은 방향을 잃는다. 하긴 내 몸도 이미 의자에서 분리되어 한 바퀴 빙 돌고나니 어디가 바닥이고 어디가 천장인지 방향감각이 사라졌다. 사실상 위아래의 의미가 없다.

열린 창문을 통해 탈출을 시도한다. 집안에서만 중력이 사라진 줄 알았더니 바깥도 마찬가지다. 길을 덮고 있던 보도블럭들이 일어나고 심지

어 집이 통째로 떠오른다. 지구 표면에 차분히 내려앉아 있던 흙과 돌멩이들도 하늘을 향해 떠오르고 자동차도 풍선처럼 두둥실 떠오른다.

육체적으로 중력에 저항할 필요가 없기 때문에 더 이상 근육활동이 필요 없다. 하지만 숨을 쉬기가 쉽지 않다. 콧구멍으로 공기뿐 아니라 물방울과 흙먼지가 함께 빨려 들어온다. 물체들이 자꾸 내 몸에 부딪히며 나의 진행 방향을 바꿔놓는다. 작은 물체는 상관없지만 커다랗고 빠른 물체가 와서 부딪히면 위험하다. 물체들끼리 충돌하면서 서로 운동량을 교환하며 튕겨져 나가기도 하고 부서지면서 산산조각이 나기도 한다.

액체 방울들이 내 몸에 부딪히면서 여기저기 비 맞은 것처럼 옷을 적신다. 물방울이 모여 있거나 운동량이 큰 물체가 다가오면 피하려고 발버둥쳐보지만 별로 효과가 없다. 그냥 충돌하는 수밖에 없다. 하늘과 땅은 구별이 되지 않고 액체, 기체, 고체 할 것 없이 모두 해체되어 온갖 가루와 방울들로 뒤범벅이 되어 있다. 이쯤 되면 중력이 사라진다는 건 재미난 상상을 넘어 재난이 아닐까 싶다.

그런데 이와 비슷한 모습이 현재 지구와 아주 가까운 우주에서도 펼쳐지고 있다. 1957년 인류 최초의 인공위성 스푸트니크 1호가 올라간 이후 지금까지 전세계적으로 7,000여 개의 인공위성이 발사되었다. 이렇게나 많은 인공위성들은 수명이 다한 후 어떻게 되는 걸까? 안타깝게도 대부분은 그대로 우주에 버려진다. 더욱이 우주에 버려져서 아주 난감한 상황을 만들어낸다.

폐기된 위성이나 로켓 잔해물은 극심한 온도차와 다른 잔해와의 충돌 때문에 폭발하거나 분쇄되어 더 많은 파편을 만들어낸다. 이런 파편들 역시 서로 부딪히면서 더 작은 파편을 수도 없이 만들어낸다. 이렇게 지구 밖에 버려진 파편들은 영원히 지구를 공전하는 우주쓰레기가 된다. 지금 지구 둘레에는 10센티미터 이상인 것 23,000여 개를 포함해 수백만에서 수천만 개의 우주쓰레기가 있는 것으로 추정된다.

이들은 음속의 20배인 초속 7.9킬로미터의 속도로 궤도를 돌고 있기때문에 지구로 떨어지지는 않는다. 하지만 아무리 작더라도 고속으로 운동하는 물체와 충돌하면 매우 위험하다. 더욱이 지구 중력의 영향 때문에 지구 둘레에서 벗어나지도 못한다. 앞으로 무중력 체험을 위해서 우주여행을 하는 사람이 늘어날 텐데 우주쓰레기는 매우 위협적인 존재가될 것이다. 우주쓰레기는 저절로 청소되지 않을 뿐 아니라 일일이 수거하기도 쉽지 않으니 더욱 큰일이다. 수질오염, 대기오염, 토양오염에 이어 이제 우주오염까지, 걱정 하나를 더 추가해야 할 판이다.

우리가 일상적으로 겪고 있는 위대한 힘 중력은 천연 정화장치 역할도 한다. 중력 덕분에 대기 중에서 가벼운 것은 위로 올라가고 무거운 것은 아래로 가라앉으면서 공기 중 오염물질들이 저절로 정화되고, 물속에서도 온갖 부유물질들이 자정되는 작용이 일어난다.

항상 중력에 구속되어 살아가는 우리는 영원한 굴레인 중력으로부터자유로워지고 싶어 하며 중력에서 벗어나는 상상을 하기도 하지만 중력덕분에 지구, 아니 우주에 있는 모든 것들이 자연스럽게 정돈되고 정화되니 감사해야 할 일이다. 프랑스의 철학자 시몬 베유^{Simone Weil}가 중력은은총이라고 하지 않았던가.

대통일장이론 Grand Unification Theory, GUT

자연에 존재하는 네 가지 힘인 중력, 전자기력, 약력, 강력을 통합하려는 이론을 말한다. 1864년 맥스웰이 전기력과 자기력을 전자기력으로 통일시킨 후 물리학의 궁극의 목표가 되어왔으며, 아직은 완성되지 못한 이론이다. 1967년 전자기력과 약력을 통일한 데 이어 1974년 전자기력과 약력, 강력을 하나의 힘으로 기술할 수 있다는 사실도 발견했지만, 중력은 여전히 통합되지 못하고 있다.

4
엔지니어의 이상향
스웨덴 이야기

스웨덴 하면 북유럽의 복지국가, 참신한 가구 디자인 정도가 생각난다. 하지만 스웨덴은 진공청소기, DOHC 엔진, 지퍼 등 수많은 발명품을 내놓은 과학기술의 나라이며, 다이너마이트를 발명한 노벨Nobel과 섭씨 온도계의 섭씨℉ 셀시우스Celcius가 살던 나라다.

인구 1,000만이 안 되는 작은 나라지만 세계에서 복지 시스템이 가장 잘 갖추어져 있고, 국민들 스스로 세계에서 가장 행복하다고 느낀다. 대학의 학비와 병원의 진료비가 모두 무료이며, 그래서 교육수준이 높고 평균수명도 매우 길다. 외적으로 소박하지만 경제적으로는 풍요롭다. 한때 우리나라에서는 스웨덴을 복지에서의 지향 모델로 삼은 적이 있고, 교육에 있어서도 스웨덴 교육제도에 관해 많은 연구를 해왔다.

학교에서는 수업시간보다 쉬는 시간이 더 길고, 예체능 교육을 강조하며, 꿈꾸기를 두려워하지 않도록 교육한다. 이 모든 것이 학생들의 창의력이 계발되도록 강조하고 있는 부분이다. 그래서 15세 창의력 테스트에서 1등을 차지한 나라다. 《도시와 창조계급》이라는 책에서 리처드 플로리다Richard Florida는 스웨덴을 가리켜 기업에 필요한 창의적 인재를 세계에서 가장 많이 끌어당기는 힘을 가진 나라라고 표현하고 있다. 실제로 젊고 우수한 엔지니어들이 가장 일하고 싶은 도시로 스웨덴의 스톡홀름을 꼽는다.

나는 예전에 스웨덴을 방문해 지방의 작은 회사들을 둘러볼 기회를 가졌었다. 그때 스웨덴을 더 알게 되고 많은 것을 느꼈다. 과장해서 얘기하자면 엔지니어들의 이상향을 보는 듯했다.

방문한 회사 가운데 한 곳은 갖가지 덕트 부품 및 환기설비를 만드는 중소기업으로 직원 규모는 영업사원까지 모두 포함해 60명 정도의 작은 회사다. 스톡홀름에서 네 시간, 덴마크 코펜하겐에서 두 시간여 떨어진 인구 5~10만의 벡셰라는 작은 도시 변두리에 한적하게 위치하고 있으며, 회사 주위에는 널찍한 초원이 펼쳐져 있고 옆으로는 작은 시냇물이 흐르고 있었다.

사옥은 아담하고 조촐한 3층짜리 목조건물인데 밖에서 보기에는 평범하지만 내부는 구조부터 인테리어에 이르기까지 독특하고 개성이 넘쳤다. 메인 로비가 있는 2층에는 주로 사무실이 위치하고 있으며 옆으로 공장과 직접 연결되는 통로가 있다. 여느 회사처럼 공장으로 통하는 길목에는 제품을 전시하는 전시실이 있고 공장으로 들어가면 직원들이 근무하는 작업공간이 있다.

이 회사에는 고급 카페테리아 같은 식당과 휴게실이 잘 준비되어 있을 뿐 아니라 헬스장과 육아실은 물론이고 안마를 받을 수 있는 마사지실, 겨울에 해가 짧기 때문에 인공 햇볕을 쬘 수 있도록 인공일광실과 야외에 있는 것과 같은 기분을 낼 수 있는 특수조명실 등이 마련되어 있다. 직원들의 피로를 풀어주기 위해 일주일에 두 번씩 안마사가 회사를 방문한다고 한다. 완벽한 근무환경을 제공하는 이 회사는 몇 년 전 유럽의 최우수 사업장으로 선정되어 환경상을 받기도 했다.

공장 내 분위기도 사무실인지 휴게실인지 구별이 안 될 정도로 아늑하고, 화초들에 둘러싸여 할머니부터 아주머니까지 혼자 또는 여러 명이 언뜻 보기에는 생산성도 별로 없어 보일 정도로 꿈지럭거리며 작업들을 하고 있었다. 하지만 이들의 태도에서 자신감과 소속감만큼은 분명히 느낄 수 있었다. 무엇보다도 생산직 직원이든 엔지니어든 사장이든 맡은 업무가 다를지언정 서로 대하는 태도나 호칭에 있어서는 삼촌, 아줌마, 언니, 조카 등 모두 한식구 같은 느낌을 주었다.

회사를 둘러보다가 3층에 있는 회의실로 향했다. 문을 열자 엔지니어 6~7명이 회의를 하고 있었다. 회의에 방해되지 않으려고 도로 문을 닫으려 했으나 들어와도 괜찮다는 말에 선 채로 회의 모습을 지켜보았다. 꼭대기 층이라 천장이 높고 서까래 있는 다락방이 재미있는 구조로 개조되어 있었다. 그들은 자유분방하게 흩어져 앉아서 장난치듯, 하지만 진지하게 이야기를 나누고 있었다. 그러다 느닷없이 우리에게 "지금 우리가 무슨 회의를 하는 것으로 보이느냐"는 질문을 던졌다. 나는 얼떨결에 "회사니까 돈 벌 궁리를 하고 있는 것 아니겠는가"라고 답했다. 그러자 "그렇긴 하지만 우리는 지금 회사생활을 즐기고 있는 중이다"라고 답하며 함께 즐기자고 했다. 생각지 못한 대답이었지만 이런 분위기라면 마냥 엉뚱한 대답은 아닐 것이다. 이들의 창의성은 자유로운 분위기에서 즐기면서 발휘되고 있는 듯이 보였다.

이들이 개발한 것 중에서 재미있는 것으로 일명 플리머 필터Flimmer filter라는 것이 있다. 기존의 필터는 먼지를 걸러낼 때 가로로 배치된 섬유들 틈새를 먼지가 통과하지 못하도록 해서 제거한다. 반면 플리머 필터는 코털에서 힌트를 얻어 유동 방향과 나란하게 실들을 배열시켰다. 공기가 콧구멍을 통과하는 동안 코털이 자유롭게 흔들리면서 표면에 먼지를 부착시킨다. 코털이 콧구멍에 꽉 채워져 있지 않으므로 유동저항이 그리 크지 않다. 이렇듯 플리머 필터는 여러 개의 실을 유동 방향으로 향해 놓고 공기의 흐름에 따라 실들이 아래위로 흔들리면서 유동하고 있는 먼지를 부착한다. 효율이 다소 떨어질 수 있으나 유동저항은 크게 줄어든다. 공기 중의 먼지를 제거하는 데 굳이 99.9퍼센트의 제거효율을 보일 필요는 없다.

계단을 내려오는데 맑은 종소리가 들렸다. 2층 리셉션 데스크 옆 벽에 걸어놓은 조그만 종을 누가 세 번 울린 것이다. 제품 판매계약을 하면 누

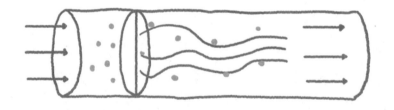

코털의 먼지포집 원리를 이용한 플리머 필터

구든지 와서 액수에 맞춰 종을 울린다고 한다. 그런데 타종 횟수가 재미있다. 예를 들어 $100(10^2)$만 원 이상은 두 번, $1,000(10^3)$만 원 이상은 세 번 등 액수의 로그값을 타종 횟수로 한다나. 사무실 여기저기에서 기뻐하며 박수치는 소리가 들렸다. 1,000만 원 이상의 계약이 성사된 모양이다.

2층에서 1층 휴게실로 내려가는 계단은 원형으로 되어 있고 이곳으로 내려오면 사무실 분위기가 확 바뀐다. 홀 가운데에는 피아노가 있고 한편에는 와인 셀러가 있는 별장과 같은 휴게실을 만날 수 있다. 연말파티라도 하면 근사할 곳이다. 창밖으로는 오래된 물레방아가 보이는데 지금은 소수력 발전에 이용된다고 한다. 물레방아로 들어가는 시냇물은 건물 아래쪽을 통과하도록 되어 있다. 마룻바닥이 부분적으로 유리로 되어 있기 때문에 커다란 소파에 둘러앉아 마루 밑으로 흘러가는 시냇물을 볼 수 있다.

회사를 둘러보면서 여러 가지 의문이 생겼지만 모두 하나의 질문으로 요약할 수 있다. 몇 푼 되지 않는 '그까짓' 덕트 부품을 팔아서 얼마나 많은 수익이 난다고, 국가에 그렇게 많은 세금을 납부하고도 직원들에게 이렇게 좋은 근무환경과 복지를 제공할 수 있단 말인가.

끊임없는 기술개발로 제품을 차별화하고 원가절감을 실현하며 고객만족을 통하여 적정 이윤을 구한다는 당연하면서 뻔한 대답이 돌아왔다. 그걸 모르는 바는 아니지만, 그렇게 이윤이 남는 사업이라면 금방 경쟁자가 나타나 그대로 모방해서 더 싼 가격으로 공급할 수 있지 않겠는가.

스웨덴은 이 점에 대해서도 역시 배우고 싶은 분위기가 있다. 스웨덴에서는 자신이 개발한 제품이나 기술에 대해서 자부심이 대단하며, 그렇기 때문에 반대로 다른 사람이나 다른 회사의 제품이나 기술에 대해서도 확실히 존중해주는 전통이 있다. 다른 회사에서 이미 개발된 것이 있으면 그것은 그들의 것으로 존중해주고, 대신 그보다 더 좋은 제품을 다른 방법으로 만들 궁리를 한다. 이들은 이러한 자신들만의 제품과 기술로 전 유럽을 상대로 영업한다. 이들의 경쟁상대는 자신의 제품과 동일한 형태로 가격만 다른 제품이 아니라 동일한 기능을 갖고 있지만 다른 방식, 다른 디자인의 더 좋은 제품들이다. 타인의 지적재산권을 존중해주는 것은 결국 자신의 이익을 보호받기 위한 것이다. 뿐만 아니라 개발자의 자존심을 높이고 창의성을 고양시키는 기본 조건이기도 하다.

전통적 산업사회에서 지식산업사회로 나아가면서 창의성과 아이디어가 더욱 중요해지는 만큼 엔지니어의 자존심과 회사의 이익을 동시에 지킬 수 있는 사회적 분위기를 만드는 것이 무엇보다도 중요하다. 특히 경쟁력 있는 작고 강한 강소기업들이 많이 생기려면 말이다.

5
창의력
기압계 문제

　요즘은 전공에 관계없이 교육에 있어서 창의성을 강조한다. 특히 설계와 발명 등 창조적인 작업을 수행해야 하는 공학 교육에 있어서 상상력과 창의성은 아무리 강조해도 지나치지 않다. 그럼에도 불구하고 대부분의 학생들은 출제자의 의도에 민감하게 반응하며 옳은 답만을 좇고, 정답 있는 문제에만 익숙해져 있어 다른 생각을 좀처럼 하지 않으려는 경향이 있다. 이러한 문제를 다소나마 해결하기 위해 최근 공학교육인증과 함께 '창의설계'란 과목이 새로이 개설되고 입시에서도 과학논술이나 심층면접이 중시되고 있다.

　몇 년 전 우리 학교 입학시험에서 면접위원으로 참여한 적이 있다. 당시 학생들의 창의력을 보자는 의미에서 정답이 없거나 여러 개 있는 문제를 냈었는데, 건물의 높이를 측정하는 방법을 설명하고 이때 필요한 계측기와 장비를 아울러 열거하도록 하는 문제였다. 출제에 함께 참여했던 일부 교수들은 정답이 확실하지 않기 때문에 채점할 때 문제가 될 수 있다는 우려를 표하기도 했지만 일단 그대로 밀어붙였다. 오히려 나는 다양한 학생들의 기발한 답변들을 기대하며 즐거운 마음으로 면접장에 들어섰다. 이 책을 읽는 독자들도 다음으로 넘어가기 전에 건물의 높이를 재는 방법들을 곰곰이 생각해보기 바란다.

공과대학 문제이기 때문에 약간의 과학적 원리가 들어가야 한다. 가장 쉽게 예상할 수 있는 답은 건물 옥상에서 돌멩이를 던지고 낙하시간을 측정하거나($H=\frac{1}{2}gt^2$) 유체정역학적인 방법으로 건물 위아래의 기압 차이를 측정하는 방법($H=\frac{\Delta P}{\rho g}$)이 있다. 이런 정답성 답변 말고도 옥상에서 긴 로프를 바닥까지 늘어뜨려 그 길이를 잴 수도 있고, 계단으로 건물 꼭대기까지 올라가면서 계단의 높이와 개수를 모두 측정하여 합산한다거나 하는 방법도 생각해볼 수 있다.

학생들이 출제자의 의도를 너무나 잘 알고 있는지라 이렇게 단순무식(?)한 답을 하지는 않겠지만, 현실성은 떨어지더라도 뭔가 과학적인 원리를 이용한 기발한 답변들은 나올 거라 생각했다. 그럼 기발한 방법으로는 또 어떤 게 있을까?

길이를 알고 있는 막대기의 그림자와 건물 그림자의 닮은꼴 법칙을 이용할 수 있고, 라디안에서 설명했던 것과 같이 건물이 보이는 시야각도를 이용하여 기하학적으로 측정하는 방법도 있다. 현실성은 떨어져도 원리적으로 가능한 방법으로 건물 위아래에서 각각 잰 돌멩이 무게의 미세한 차이로부터 중력가속도 차이를 측정해서 구하는 방법, 건물 옥상과

바닥에서의 진자의 흔들림 주기로부터 중력가속도의 차이를 측정해서 구하는 방법 등을 생각할 수 있다. 참고로 중력가속도는 지구 표면으로부터 멀어질수록 미세하게 감소한다. 또 건물 옥상에서 바닥을 향해 소리를 지르고 바닥에 반사되어 되돌아오는 시간을 측정해서 구하는 방법이나 더욱 황당하게는 거울을 이용해 빛이 반사되어 되돌아오는 시간을 측정하는 방법 등 온갖 원리를 이용해 다양한 방법들을 생각해볼 수 있다. 그러나 아쉽게도 정답성 답변 말고는 면접위원들을 즐겁게 해줄 만한 흥미로운 답변은 거의 나오지 않았다.

옛날에 코펜하겐대학의 한 교수가 대학 입학시험 문제로 유사한 문제를 출제한 적이 있다. '기압계를 이용해 건물의 높이를 측정하는 방법을 제시하라.' 기압계라는 말이 문제에 들어가 있는 것으로 미루어 유체정역학을 이용해 건물의 높이를 측정하는 것이 정답이었을 것이다. 이 문제는 훗날 노벨 물리학상을 받은 덴마크의 물리학자 닐스 보어Niels Bohr(1885~1962)가 코펜하겐대학 물리학과에 입학할 당시의 문제였다는 것이 알려지면서 이른바 '기압계 문제'로 유명해졌다.

많은 학생들이 정답을 얘기했지만, 보어는 누구나 알고 있는 뻔한 정답은 말하고 싶지 않았다. 대신 엉뚱하게도 기압계를 자유낙하시켜 바닥까지 떨어지는 시간을 측정하는 방법을 제시했다. 면접관들이 다른 방법을 얘기해보라고 하자, 그는 기압계로 진자운동을 시키고 건물 위와 아래에서의 주기 차이로부터 건물의 높이를 측정하는 방법 등 기압계를 이용한 기발한 측정방법들을 계속 제시하여 면접관들을 당황스럽게 했다. 그중에서도 가장 황당한 답변은 바로 이것이다.

"기압계를 가지고 건물 관리인에게 갑니다. 문을 두드려 관리인이 나오면 그 기압계를 선물로 주고 건물의 높이를 알려달라고 부탁합니다."

황당한 답변에 입학사정관들은 혀를 찼다. 교수회의에서 격론이 있었지만 결국 입학을 허가하기로 했다.

면접을 보면서 나는 보어처럼 기발한 답을 얘기하는 학생이 없다는 사실이 안타까웠다. 하지만 그보다 더 안타웠던 것은 정답 이외는 절대로 받아들여지지 않는 분위기와 그러한 사실을 너무나 당연하게 받아들이는 듯한 학생들의 태도였다. 창의성이 뛰어난 학생을 길러내기 위해서는 정답이 아닌 엉뚱한 생각이라도 받아주고 격려해주는 환경을 만드는 것이 무엇보다도 필요할 것 같다는 생각이 든다.

6
정보·엔트로피
모름의 정도

우리는 살아가면서 끊임없이 정보를 얻는다. 모르는 상태에서 정보가 입력되면 아는 상태가 된다. 즉 모름 더하기 정보는 앎이 된다. 앎과 모름의 상태를 어떻게 표현할 것이며, 앎의 정도 또는 모름의 정도를 어떻게 정량화할 것인가 하는 것은 정보공학에 있어서 핵심적인 주제 중 하나다.

미국의 전기공학자 섀넌Claude Shannon은 1948년 〈통신의 수학적 이론 A Mathematical Theory of Communication〉이라는 기념비적인 논문에서 정보 엔트로피information entropy 개념을 제안했다. 그는 열역학에 나오는 엔트로피 개념을 도입하여 디지털 정보혁명의 이론적 토대를 마련했다. 섀넌은 정보 엔트로피를 미지ignorance의 정도 또는 불확실성uncertainty의 정도를 나타내는 양으로 규정하고, 그런 일이 발생할 수 있는 평균적인 로그확률(확률에 로그를 취한 것)로 정의했다. 이를 식으로 표현하면 다음과 같다. 어려워 보일지도 모르겠지만 간단히 의미는 짚고 넘어가겠다.

$$S = \sum_i P_i \log_2 \frac{1}{P_i}$$

여기서 S는 정보 엔트로피로서 확률분포인 P_i에 의해 결정된다. 만약 주사위처럼 여섯 개의 경우의 수에 대해 균등한 확률을 갖는다면 $P_i = P = \frac{1}{6}$로 균일하므로 정보 엔트로피 $S = \log_2 \frac{1}{P} = \log_2 6$이 된다. 이는 통계역학의 창시자 중 한 명인 19세기 물리학자 루트비히 볼츠만Ludwig Boltzmann(1844~1906)이 통계역학적으로 경우의 수W에 근거하여 제시한 열역학적 엔트로피 $S = k \ln W$ 와 동일한 것이다. 단지 열역학적 엔트로피에는 볼츠만상수 k가 곱해져 있을 뿐이다. 오스트리아 빈의 중앙묘지에 있는 볼츠만의 묘비에는 바로 이 식이 새겨져 있다. 수식을 묘비명으로 쓴 것이 특이하기는 하지만 여기에는 기가 막힌 사연이 숨어 있다. 볼츠만이 이 식을 발표했을 때 아무에게도 인정을 받지 못했다. 그는 이런 저런 일로 우울증을 앓다가 그만 자살을 하고 만다. 그가 죽은 후 한참이 지나서야 이 식의 가치를 알아차린 사람들이 묘비에 새겨준 것이다.

열역학적으로 엔트로피가 높다는 것은 그렇게 될 확률이 높다는 얘기다. 많은 수의 기체 분자들이 한 곳에 몰려 있을 확률보다 흩어져 골고루 퍼져 있을 확률이 훨씬 높다. 이것은 여러 개의 동전을 던졌을 때 모두 앞면이나 뒷면이 나올 확률보다 앞뒤가 골고루 나올 확률이 높은 것과 마찬가지다. 따라서 한 곳에 몰려 있던 기체 분자들은 저절로 널리 확산되어 엔트로피(또는 무질서도)를 높인다.

정보 엔트로피 역시 경우의 수가 많은 상태가 엔트로피가 높은 상태다. 경우의 수가 많다는 얘기는 확정적이지 않고 불확실한 상태를 의미한다. 반대로 경우의 수가 적은 상태는 확정적인 상태다. 정보가 없고 무작위성이나 불확실성이 커서 어떤 일이 일어날지 예측하기 어려운 상태, 다시 말해 경우의 수가 많아서 확률적으로 특정 사건이 일어날 가능성이 낮으면 정보 엔트로피가 높은 상태다. 그러므로 아무것도 알려지기 전 미지의 상태에서는 정보 엔트로피가 큰 값을 갖고, 모든 것이 알려진 후에는 제로가 된다. 따라서 정보 엔트로피는 앎의 정도가 아니라 모름의 정도, 미지의 정도를 뜻한다고 이해할 수 있다.

미지의 상태에서 불확실성을 줄여 결과를 예측할 수 있도록 해주는 정보가 고급정보다. 고급정보는 구체적인 정보로서 많은 정보량을 포함하고 있다. '내일 동쪽에서 해가 뜰 것이다'라는 정보는 별로 유용하지 않다. 확률이 1인 것을 예측하고 있으므로 정보로서의 가치는 제로다. 그러나 '내일은 비가 올 것이다'는 가치 있는 정보다. 좀더 구체적으로 어느 정도의 비가 언제부터 언제까지 올 것이라고 예보한다면 더욱 가치 있는 정보가 된다. 정보는 군사적으로 특히 중요하다. 적군이 며칠 몇 시에 어떤 경로를 통해 어떻게 침공해 들어올 것인지에 관한 정보는 그야말로 고급 군사정보다.

엔트로피를 정의할 때 로그를 사용하는 이유는 곱셈적으로 늘어나는 경우의 수를 덧셈적으로 바꿔주기 위해서다. 동전 하나를 던질 때 나올 수 있는 결과는 앞면 아니면 뒷면이므로 정보량은 한 개고, 경우의 수는 둘이다. 동전 두 개를 던지면 정보량은 두 개고, 경우의 수는 넷이 된다. 즉 동전의 앞뒷면 정보는 동전의 개수에 비례하지만, 경우의 수는 지수

적으로 늘어난다. 동전이 두 개라면 경우의 수는 2^2, 세 개라면 2^3과 같이 늘어난다. 이렇게 곱셈적으로 늘어나는 경우의 수에 로그를 취해주면 덧셈적으로 늘어나는 정보량이 되어 다루기가 훨씬 편해진다.

정보 엔트로피를 표시할 때 로그의 밑수로 2를 사용하고 단위로는 비트bit를 사용한다. 이는 정보량을 나타낼 때의 단위와 동일하다. 비트란 1/0, Yes/No, True/False, On/Off처럼 둘 중 하나를 나타낼 수 있는 정보의 양이다.* 경우의 수가 2^2이면 2비트, 2^3이면 3비트다. 앞서 소개한 6분의 1의 확률을 갖는 주사위는 $\log_2 6 = 2.58$비트의 정보를 제공한다. 모두가 알고 있는 스무고개라는 퀴즈에서는 스무 번의 질문과 스무 번의 예/아니오 답변으로 유추의 범위를 좁혀나간다. 스무고개는 2^{20}가지의 경우의 수를 구분할 수 있는 20비트의 정보를 제공하는 퀴즈. 이 세상의 어지간한 문제는 스무고개처럼 20비트의 정보만 가지면 모두 맞힐 수 있다.

정보가 투입되기 전후의 상태와 투입된 정보량 사이에는 정보량 보존식이 성립된다. 에너지 보존식에 따라 투입된 에너지만큼 시스템의 에너지 레벨이 올라가는 것처럼 정보량 보존식에 따라 투입된 정보량¹만큼 모름의 정도인 정보 엔트로피ˢ가 낮아지는 것으로 이해하면 된다.

$$S_{after} = S_{before} - I$$

동전을 던지고 나면 앞면인지 뒷면인지 확정되기 때문에 모름의 정도는 0비트가 된다. 동전을 던지기 전 확률은 반반, 정보 엔트로피가 1비트였는데 동전을 던진 결과 우리는 1비트의 정보를 전달받은 것이다. 정보 엔트로피가 1비트라는 말이 어렵게 들릴지도 모르겠는데, 앞에서 설명한 정보량이 한 개라는 말과 같은 뜻이다.

2014년 6월을 뜨겁게 달구었던 브라질 월드컵은 독일이 우승팀으로 확정되면서 대단원의 막을 내렸다. 아쉽게도 흥미진진했던 게임은 모두 끝나고 정보 엔트로피는 제로가 되었다. 처음 시작할 때만 해도 어느 팀이 우승하게 될지 오리무중(정보 엔트로피가 큰 상태)이었다. 하지만 한 경기 두 경기 진행되면서 서서히 윤곽이 드러나며 정보 엔트로피가 점점 줄어들었다.

월드컵 본선 진출국이 32개국이므로 무작위적인 우승확률은 $\frac{1}{32}$이다. 따라서 시작 당시 정보 엔트로피는 $\log_2 32 = 5$비트였다. 바꿔 말하면 각 팀의 실력을 고려하지 않고 우승팀을 맞추는 일은 5비트의 정보 엔트로피가 필요하다. 그런데 팀의 실력 등 여러 정보를 종합하여 제시된 우승확률에 근거해 계산해보면 정보 엔트로피는 3.7비트가 된다. 즉 각국의

우승확률 정보가 1.3비트의 정보량을 제공하고 있는 셈이다. 16강전, 8강
전을 거치면서 무작위적으로 우승팀을 예측했을 때의 정보 엔트로피보
다 라스베가스 도박사들이 제시한 우승확률 정보를 이용했을 때의 정보
엔트로피가 작다.

결승전에서 독일과 아르헨티나가 맞붙게 되면서 우승팀은 둘 중 하나
가 되므로 정보 엔트로피는 드디어 $\log_2 2 = 1$비트가 된다. 독일과 아르헨
티나에 대해 제시된 우승확률이 모두 $\frac{1}{6}$씩으로 똑같기 때문에 추가적인

라스베가스 도박사들이 점친 2014년 브라질 월드컵 우승확률

A조		B조		C조		D조	
브라질	$\frac{1}{4}$	스페인	$\frac{1}{6}$	콜롬비아	$\frac{1}{17}$	우루과이	$\frac{1}{21}$
카메룬	$\frac{1}{750}$	칠레	$\frac{1}{34}$	코트디부아르	$\frac{1}{150}$	이탈리아	$\frac{1}{21}$
멕시코	$\frac{1}{200}$	호주	$\frac{1}{2500}$	일본	$\frac{1}{150}$	코스타리카	$\frac{1}{2500}$
크로아티아	$\frac{1}{100}$	네덜란드	$\frac{1}{17}$	그리스	$\frac{1}{200}$	잉글랜드	$\frac{1}{26}$

E조		F조		G조		H조	
스위스	$\frac{1}{100}$	아르헨티나	$\frac{1}{6}$	독일	$\frac{1}{6}$	벨기에	$\frac{1}{17}$
에콰도르	$\frac{1}{150}$	나이지리아	$\frac{1}{250}$	가나	$\frac{1}{200}$	알제리	$\frac{1}{1000}$
온두라스	$\frac{1}{2500}$	이란	$\frac{1}{2500}$	미국	$\frac{1}{250}$	대한민국	$\frac{1}{500}$
프랑스	$\frac{1}{26}$	보스니아헤르체고비나	$\frac{1}{100}$	포르투갈	$\frac{1}{34}$	러시아	$\frac{1}{81}$

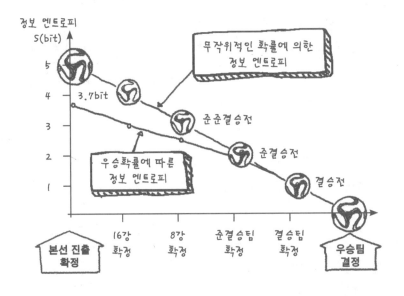

정보를 얻지 못하므로 이 경우 무작위적인 경우의 엔트로피와 동일하다. 결국 독일의 우승이 확정되면서 정보 엔트로피(우승팀이 어느 팀이 될지 모르는 미지의 정도)는 제로가 된다.

세상에는 수많은 정보가 넘쳐나고 우리는 끊임없이 그 정보를 받아들인다. 인터넷에서 정보의 전달속도는 무한정 빨라지고 있으며 컴퓨터 하드디스크의 저장용량은 한없이 커지고 있다. 간단한 메모 파일은 몇 십 바이트 정도지만, 동영상 파일은 수백 메가바이트에 이른다. 저장된 파일에는 그 파일 사이즈에 해당하는 어마어마한 양의 정보가 저장되어 있다.

우리의 아날로그적인 뇌세포도 배움의 과정을 통해 여러 가지 정보를 취득하며 정보 엔트로피를 줄여나간다. 그런데 수많은 정보들 가운데 삶에서 진정으로 중요한 결정이나 판단은 1비트의 지극히 단순한 정보일지도 모른다. 고냐 스톱이냐, 아니면 죽느냐 사느냐 그것이 문제다.

비트bit와 바이트byte

비트는 binary digit에서 유래했으며 정보의 최소 단위다. 하나의 비트는 0이나 1의 값을 가질 수 있고, 각각은 참/거짓, 켜짐/꺼짐과 같이 서로 배타적인 상태를 나타낸다. 바이트는 8개의 비트를 말하며 2^8=256개의 경우의 수를 나타낼 수 있다. 4비트는 니블nibble이라고 하며 2^4=16개의 경우의 수를 가진다. 니블은 0부터 F까지 16진법으로 표시되고, 바이트는 두 개의 니블, 즉 00부터 FF까지의 값으로 표시된다. 많은 정보량을 표시할 때는 바이트에 접두사를 붙여 킬로바이트kB, 메가바이트MB, 기가바이GB 등의 용어를 사용한다.

7
게임이론
죽느냐 사느냐 그것이 문제로다

산다는 것은 게임의 연속이다. 우리는 매순간 무언가를 결정하고 그 결과에 따라 살아간다. 결정은 사소한 것일 수도 있고 일생일대의 중요한 것일 수도 있다. 혼자서 하는 경우도 있고 상대가 있는 경우도 있다. 모두 게임이다. 게임은 지성적이고 합리적으로 판단하는 행위자들이 일정한 전략을 가지고 최고의 보상을 얻기 위해 벌이는 행위를 말한다.

게임이론game theory은 응용수학의 한 분야로서 경제학을 비롯해 생물학, 정치학, 심리학, 컴퓨터공학 등 광범위한 분야에서 응용되고 있다. 생물학에서는 동식물의 행동이나 진화를 설명하고, 정치학에서는 군사전략이나 선거전략을, 심리학에서는 인간의 행동심리를 설명하기 위한 수학적 모델을 만든다.

최근에는 인공지능을 가진 로봇이 수집한 객관적인 정보를 가지고 합리적으로 판단할 수 있는 각종 지능 알고리즘을 개발하는 데 이용되고 있다. 게임을 할 수 있는 로봇을 위해서다. 도대체 지능이란 무엇이고 판단은 어떻게 하는 것이란 말인가.

게임이론이 널리 알려지게 된 것은 1994년 내쉬의 평형이론equilibrium theory으로 노벨 경제학상을 받은 실존인물 존 내쉬John Nash의 일대기를 그린 영화 〈뷰티풀 마인드A Beautiful Mind〉가 나온 이후다.

잘 알려진 게임모델 중 제로섬 게임zero sum game은 주어진 재화를 배분하는 과정에서 가장 흔하게 나타난다. 전체 양이 한정되어 있기 때문에 상대방이 많이 가져가면 내 몫이 적어지고 내가 많이 가져가면 상대방 몫이 줄어드는 게임이다.

대통령 선거에서 한 후보의 득표율이 올라가면 다른 후보들의 득표율은 낮아진다. 총 유권자 수는 정해져 있기 때문에 총합은 언제나 일정하다. 극단적인 경우는 몫이 많고 적음을 떠나 승자가 모두 가져가는 승자독식이다. 가장 단순한 모델은 두 명이 하는 제로섬 게임이다. 게임 참가자 A와 B가 각각 두 개의 전략 1, 2를 가지고 게임에 참여했을 때 상대방의 전략에 따라서 이득을 볼 수도 있고 손해를 볼 수도 있다. 하지만 두 사람이 가져가는 총량은 정해져 있다. 대표적인 제로섬 게임으로는 포커와 고스톱, 바둑이나 장기 같은 게임이 있다. 또 가위바위보도 세 개의 전략을 선택하는 제로섬 게임이다.

제로섬 게임이 아닌 것은 모든 참가자들의 이득과 손실의 합이 제로가 아니라 상대방과 함께 손해를 볼 수도 있고 함께 이득을 볼 수도 있는 게임이다. 여기에는 치킨 게임, 협동-개별 게임, 남녀 게임, 죄수의 딜레

제로섬 게임

		참가자 B	
		전략 1	전략 2
참가자 A	전략 1	-1, 1	3, -3
	전략 2	0, 0	-2, 2

가위바위보

		참가자 B		
		가위	바위	보
참가자 A	가위	0, 0	-1, +1	+1, -1
	바위	+1, -1	0, 0	-1, +1
	보	-1, +1	+1, -1	0, 0

● 두 숫자 중 첫 번째는 참가자 A, 두 번째는 B의 몫이다.

마 등이 있다.

치킨 게임은 두 개의 열차가 서로 마주보고 달리다가 먼저 정지 또는 회피하는 쪽이 지는 게임이다. 서로 고집부리다가는 다 같이 망할 수도 있다. 협동-개별 게임에서는 두 명의 포수가 팀을 이루어 협력하면 큰 사냥감인 사슴을 사냥하여 둘 다 큰 수입을 얻을 수 있지만, 각자 사냥하면 혼자서 작은 토끼밖에 사냥할 수 없다. 게다가 상대방이 응하지 않고 혼자 토끼 사냥을 가버리면 자신은 토끼 사냥 준비도 되어 있지 않아 아무것도 사냥 할 수 없게 된다. 연애 중인 남녀를 대상으로 하는 남녀 게임은 영화를 보고 싶은 여자와 야구를 보고 싶은 남자가 데이트를 할 때의 게임 모델이다. 구체적인 설명보다는 다음의 표를 보면 이해가 빠를 것이다.

죄수의 딜레마는 공범인 두 용의자에게 범죄 사실을 자백하는 경우와 부인하는 경우 형량을 달리 해주는 게임이다. 자백하면 감형될 수는 있

치킨 게임

		열차 B	
		Stop	Go
열차 A	Stop	0, 0	-1, 1
	Go	1, -1	-10, -10

협동-개별 게임

		포수 B	
		협동 사냥(사슴)	개별 사냥(토끼)
포수 A	협동 사냥(사슴)	2, 2	0, 1
	개별 사냥(토끼)	1, 0	1, 1

남녀 게임

		남자(B)	
		영화	야구
여자(A)	영화	3, 1	0, 0
	야구	0, 0	1, 3

죄수의 딜레마

		죄수 B	
		침묵	자백
죄수 A	침묵	-1, -1	-10, 0
	자백	0, -10	-5, -5

•두 숫자 중 첫 번째는 참가자 A, 두 번째는 B의 몫이다.

지만, 왠지 공범을 배신하는 것 같아서 머뭇거려진다. 하지만 그러다가 다른 공범이 먼저 자백하는 날이면 자신은 가중처벌을 받을 수 있어서 진실을 말해야 할지 말아야 할지 고민한다는 모델이다. 의리냐 자백이냐, 배신을 당하느냐 실속을 차리느냐 그것이 문제로다.

게임모델은 제로섬, 논제로섬non-zero sum뿐 아니라 상대방의 정보를 서로 모르는 상태에서 결정하는 동시결정 게임과 상대방의 결정 내용에 따라 순차적으로 이어서 하는 순차 게임으로 나눌 수 있다. 또 참가자들이 서로 동등한 입장에서 하는 대칭 게임과 강자와 약자로 위치나 입장이 다른 비대칭 게임, 참가자 수에 따라 두 명이 하는 게임과 다수가 참여하는 게임 등 다양한 모델이 있다.

가위바위보는 가장 단순하면서도 완벽한 제로섬 게임이다. 동시에 진행되는 무작위적인 게임이기 때문에 특별한 전략이나 정보도 필요 없이 운에 맡기면 된다. 하지만 이렇게 단순한 가위바위보도 사전에 가짜 정보를 흘리는 순간 대단히 어려운 심리게임이 된다. 인공지능이 발전하더라도 로봇이 이렇게 상대방의 심리까지 파악할 수 있는 지능을 갖추려면 얼마나 더 시간이 걸릴지 모르겠다.

내가 가위를 내겠다고 말하고 게임을 하면 상대방의 수준에 따라 반응이 다르게 나타난다. 어린아이는 그대로 믿고 가위를 이길 수 있는 바위를 낼 것이다. 그러면 나는 보를 내면 된다. 한 수를 더 보는 중학생은 내가 가위를 낸다고 말했지만 실제로는 보를 내리라는 것을 안다. 따라서 가위를 낸다. 그런 중학생을 이기려면 가위를 낸다고 하고 바위를 내야 한다. 물론 중학생들도 수준이 다양하니 일률적으로 말할 것은 못 된다. 어쨌든 이 머리싸움은 끝없이 계속된다. 이 경우 상대보다 한 수 위를 보면 이길 수 있지만, 두 수 위를 보면 오히려 진다.

가위바위보보다 어려운 고난도의 심리퀴즈로 오래전 공대생들 사이에서 유행했던 '죄수와 모자'라는 퀴즈가 있다. 남의 생각 속으로 들어가서 생각해보는 문제다. 로봇이 인공지능으로 풀어내기 전에 스스로 한번씩 도전해보자. 생각보다 쉽지 않다.

옛날 어느 나라에 머리가 좋은 세 명의 죄수가 있었다. 이들은 모두 징역형을 선고받았다. 왕은 이들 모두를 감옥에서 썩히고 싶지 않았다. 그래서 어려운 문제를 내서 가장 머리 좋은 죄수 한 명을 풀어주기로 했다. 왕은 이들을 한자리에 모아놓고 문제를 냈다.

"여기 세 개의 흰 모자와 두 개의 검은 모자가 있다. 다섯 개의 모자 중에서 세 개를 너희 머리에 하나씩 씌워줄 것이다. 세 사람 모두 자신의 머리 위에 있는 모자는 볼 수 없지만, 다른 두 사람이 쓴 모자는 서로 볼 수 있다. 자기가 쓴 모자가 흰색이라고 확신하면 이 감옥을 빠져나가도 좋다. 가장 먼저 나가는 사람을 석방시켜주겠다. 그러나 검은색 모자를 쓰고 나가면 죽음을 면치 못할 것이다. 모험을 하기 싫으면 그대로 앉아 있어라. 원래대로 징역형을 집행한다."

그리고는 세 명의 죄수 A, B, C에게 모두 흰색의 모자를 씌워주었다. 침묵이 흘렀다. 얼마간 고민하던 죄수 C가 자리를 박차고 걸어나갔다. 그가 자신 있게 나갈 수 있었던 이유는 무엇일까? 거울이나 눈동자에 비추어 본다거나 서로 눈짓을 한다거나 하는 일체의 속임수나 편법은 없다. 오로지 심리만 있을 뿐이다.

　자기 눈에 비친 두 사람 모두 이미 흰 모자를 쓰고 있으므로, 자기가 쓰고 있는 것은 나머지 흰 모자 하나와 검은 모자 두 개 중 하나다. 확률적으로는 $\frac{1}{3}$밖에 되지 않는다. 그런데 어떻게 자신 있게 나갈 수 있었는지 왕은 죄수 C에게 그 이유를 물었다. 그는 대답했다.

　"일단 제 모자가 검다고 생각하고 A의 생각 속으로 들어가보았습니다. A의 눈에 비친 것은 B가 쓴 흰 모자와 내가 쓴 검은 모자일 것입니다. 그런데 A가 생각하기에 '내(A)가 검은색이라면 다른 죄수 B가 당연히 나갈 텐데 안 나가는 것으로 봐서 나(A)는 흰색이야'라고 확신할 수 있을 겁니다. 그런데 이러한 일은 생기지 않고 A가 꼼짝 않고 있지 않겠습니까. 그러니 제가 처음에 제 모자는 검다고 가정한 것이 잘못된 것임에 틀림없지요."

　왕은 약속대로 그를 풀어주었다.

혹시 이 머리 좋은 죄수의 답변이 이해되지 않으면 다음 설명을 단계별로 읽어보기 바란다.

√ 쉬운 단계 문제(초등학생 수준)

질문: '나' 이외의 두 사람 모두 검은 모자를 쓰고 있다면 '나'는 감옥을 빠져나갈 수 있을까?

정답: 그렇다. 다섯 개 중에서 두 개가 검은색 모자인데 이미 나 말고 두 사람이 쓰고 있으므로 내 것은 세 개의 흰 모자 중 하나다.

√ 중간 단계 문제(중학생 수준)

질문: '나' 이외의 두 사람 중에서 한 사람은 흰색, 다른 사람은 검은색 모자를 쓰고 있다면 '나'는 감옥을 빠져나갈 수 있을까?

정답: 내 모자가 검다면 흰 모자를 쓰고 있는 사람 입장에서는 둘 다 검은 모자이므로 당연히 나가야 한다. 그런데 나가지 않는 것으로 보아 그가 보고 있는 내 모자는 검은색이 아님이 분명하다.

중간 단계 문제는 쉬운 단계 문제를 흰 모자를 쓴 사람의 관점보다 한 수 위에서 생각한 것이다.

√ 최종 단계 문제(고등학생 수준)

질문: '나' 이외의 두 사람 모두 흰 모자를 쓰고 있을 때 '나'는 감옥을 빠져나갈 수 있을까?

정답: 앞의 중간 단계 문제를 한 수 위에서 살펴보면 된다. 내 모자가

검다고 가정하면 '나' 이외의 두 사람에게는 중간 단계 문제와 같아진다. 그러면 흰 모자를 쓰고 있는 두 사람 중 한 사람은 앞 문제의 '나'에 해당하는 생각을 하여 행동에 옮겨야 한다. 그런데 그런 일은 발생하지 않고 있다. 따라서 내 모자가 검다고 가정한 것은 잘못된 것이다.

여기서 나머지 사람들도 중간 단계 문제 정도는 판단할 줄 알아야 한다는 사실이 전제된다. 다른 사람들이 쉬운 단계 정도밖에 생각할 수 없는 경우라면 이렇게 판단했다가 죽음을 면치 못할 것이다. 남들보다 그저 한 수 정도 앞서야 성공할 수 있다.

8
재미로 보는 엉뚱과학
절대 믿지 마시오!

　우리는 과학이라고 하면 틀림없는 사실일 것이라는 선입관을 가지고 있다. 그래서 과학 관련 글을 읽을 때면 비판적으로 읽기보다 있는 내용을 그대로 받아들이는 데 집중한다. 지금까지 천재적인 과학자들 덕분에 어려운 과학이론과 법칙들이 완벽하게 잘 정립될 수 있었지만 이렇게 되기까지는 수많은 과학자들이, 지금 보면 엉뚱해 보이지만 당시로서는 그럴듯한 이론들을 내놓고 실패하기를 거듭하며 탐구해왔다. 여기서는 사실은 아니지만 그럴듯해 보이는 '엉뚱과학' 중에서 역학 관련 법칙을 몇 가지 소개한다. 다시 한 번 말하지만 여기서 소개하는 내용은 '절대 사실이 아니다!' 그럼 이제부터 그럴싸한 엉뚱과학의 세계에 빠져보자.

✔ 무거운 것이 빨리 떨어진다? (낙하속도 질량 비례의 법칙)

오래전부터 믿어온 법칙으로 중력에 의한 낙하속도는 질량에 비례한다는 법칙이 있다. 누구나 경험해봤을 것이다. 떨어질 때 무거운 물체는 빠르고 육중하게 떨어지는 반면, 가벼운 물체는 사뿐하고 느릿하게 떨어진다. 그래서 고층건물에서 사람이 떨어지면 크게 다치거나 죽지만, 어린아이가 떨어질 때는 상처 하나 입지 않는 경우가 종종 있다. 고양이는 사뿐히 내려앉으며, 먼지나 벌레 같은 것들은 떨어지는지 분간이 안 될 정도다.

'낙하속도가 질량에 비례한다'는 법칙은 아리스토텔레스가 제시한 이론이다. 그리스 최고의 철학자이자 과학자인 대학자가 한 얘기이니 믿지 않을 수가 없었다. 하지만 후에 갈릴레오라는 사람이 나타나서 이 오래된 법칙이 잘못되었다고 주장했다. 낙하속도는 질량에 관계없이 일정하다는 것이다. 갈릴레오는 피사의 사탑에서 실험을 해보니 질량이 다른 두 물체가 동시에 지면에 도달하는 결과가 나왔다고 주장했다. 누구 말이 옳은가?

아무튼 여전히 많은 사람들이 아리스토텔레스의 이론대로 무거운 것이 더 빨리 떨어진다고 생각한다.

✔ 뜨거운 것이 더 무겁다? (열 질량 이론)

온도가 올라가면 대부분의 물체는 부피가 늘어난다. 이를 열팽창이라고 하는데 부피만 늘어나는 것이 아니라 무게도 함께 늘어난다는 이론이다. 온도가 올라가면 열caloric이라고 하는 입자가 물체 속으로 들어가서 부피와 무게를 증가시킨다. 여기서 열 입자는 유체와 같은 물질로서 탄성을 가지며 일반 물질에 부착되어 있다.

17세기 과학자들은 열 입자의 무게를 측정하기 위해 정밀하고 체계적인 실험을 수행했다. 천칭 양쪽에 똑같은 물체인데 온도만 다른, 즉 하나는 뜨겁고 다른 하나는 차가운 상태로 올려놓고 양쪽의 무게 차이를 측정했다. 온도차를 변화시키면서 반복적으로 수없이 실험을 수행했지만 온도 차이에 따른 무게 차이를 확실하게 구별해내지는 못했다. 그들은 성공적인 실험결과를 얻지 못한 것은 저울 정밀도의 한계 때문이라고 생각했다. 과연 그럴까?

아무튼 그들은 열이라고 하는 입자가 존재하는 한 뜨거운 것이 더 무거워야 한다고 굳게 믿었다. 훗날 정밀한 저울을 개발해서 누군가 이를 입증해주기를 바랐다.

✔ 열에도 관성이 있다? (열 관성의 법칙)

관성의 법칙, 즉 뉴턴의 제1법칙에 따르면 정지해 있는 물체는 계속 정지해 있으려 하고 움직이는 물체는 계속해서 등속운동을 하려 한다. 이것은 질량에 관한 관성의 법칙인데 열흐름에 대해서도 마찬가지로 적용할 수 있다. 즉 흐르지 않을 때는 열이 관성에 의해 물체 속에 그대로 머물러 있지만, 일단 흐르기 시작하면 마치 봇물이 터지듯 계속 흐르려고 한다는 법칙이다. 이것은 앞서 소개한 열 질량 이론과도 관련이 있다.

내 경험에 따르면 뜨거운 물체에 살짝 손을 대면 처음에는 그리 뜨겁게 느껴지지 않는다. 열이 물체 속에서 움직이지 않고 가만히 머물러 있기 때문이다. 하지만 손을 꾹 누른 채 한참을 접촉하고 있으면 점점 뜨겁게 느껴진다. 열이 한 번 흐르기 시작하면 관성에 의해 계속해서 흐르기 때문이다. 식당에서 뜨거운 밥공기를 건네주면 밥공기가 점점 뜨거워지는 것을 직접 느껴보자. 이것은 열 관성 때문일까 아니면 다른 이유가 있는 걸까?

√ 속도가 빠르면 가벼워진다? (속도에 의한 무게 저감효과)

빠르게 날아다니는 것들은 대개 가벼워 보인다. 하늘을 나는 새가 무거워 보이던가? 무게가 가벼워야 잘 날 수 있고, 빨리 날수록 가벼워진다. 이러한 현상은 속도에 의한 무게 저감효과에 따른 것으로 우리도 일상생활에서 무의식적으로 활용하며 살고 있고, 영화 속에서도 종종 볼 수 있다. 주인공이 끊어진 다리를 통과하기 위해 전속력으로 질주하는

것을 본 적이 있을 것이다. 빨리 지나가면 가벼워져서 바닥에 무게를 가하지 않을 뿐 아니라 앞에서 설명한 낙하속도 질량 비례법칙에 따라 천천히 낙하하므로 짧은 시간 동안 그대로 지나갈 수 있다.

이론적으로 속도가 무한대가 되면 무게는 제로가 되고 따라서 낙하속도도 제로가 된다. 걸어갈 때도 마찬가지다. 축지법과 확지법을 쓰는 도인들의 주장에 따르면 물에 빠지지 않기 위해서는 수면 위를 최대한 빨리 걸어가면 된다. 왼쪽 발이 빠지기 전에 오른쪽 발을 내딛고, 오른쪽 발이 빠지기 전에 왼쪽 발을 내딛으면 된다. 그런데 도인들의 주장과는 반대로 아인슈타인은 특수상대성이론에서 속도가 빨라지면 질량이 증가한다고 설명한다. 급한 마음에 날아가고 싶은 사람들은 발걸음을 빨리하며 어떤 것이 맞는 얘기인지 생각해보자.

✓ 속도가 빠르면 차가워진다? (고속의 냉각효과 이론)

물체의 운동에너지는 질량에 비례하고 속도의 제곱에 비례한다. 열역학 제1법칙에 따르면 물체가 가지고 있는 전체 에너지는 보존되어야 하므로 운동에너지가 커지면 다른 에너지가 작아져야 한다. 즉 속도가 빨라지면 운동에너지가 커지고 그만큼 열에너지가 작아져야 한다. 열에너지가 작아진다는 것은 온도가 내려간다는 것을 의미한다. 따라서 속도가 빨라지면 온도가 내려가는 냉각효과가 발생한다.

바람이 세게 불면 온도가 낮아져 시원함을 느끼고, 빠른 물체가 지나가면 간담이 서늘해짐을 경험한다. 또 고속 주행하는 자동차 표면이나 하늘을 나는 비행기 동체 표면의 온도가 상당히 낮아지는 것을 관찰할 수 있다. 그런데 아직까지 이런 효과를 공학적으로 이용해 냉동기나 에 어컨을 만들었다는 보고는 없다. 자, 이 이론을 이용해 시원한 냉동기를 만들어볼 사람은?

　다시 한 번 밝히건대 여기 기술된 내용은 사실이 아니며, 과학을 엉뚱하게 즐겨보자고 한 얘기이니 행여나 오해하는 일은 없길 바란다. 우리는 과학적인 내용을 접할 때 너무 진지하게만 생각하고 그 내용을 받아들이는 데만 급급한 경향이 있다. 이렇게 무비판적인 태도는 과학을 이해하는 데도, 과학을 발전시키는 데도 전혀 도움이 되지 않는다. 여기서 소개한 말도 안 되는 엉뚱과학들을 비판적으로 읽으면 잘 정립된 이론을 받아들일 때보다 더 깊이 있는 과학적 사고를 해볼 수 있을 것이다.

9
골드버그 장치
단순한 삶

세상사는 게 점점 복잡해지고 있다. 우리 주변에는 끊임없이 어지러운 뉴스들이 생겨나고, 수많은 정보들이 인터넷 세상을 떠돈다. 인간관계가 넓어지면서 모임이 많아지고 챙겨야 할 일들도 많아진다. 생활 속에서도 첨단기기들이 속속 등장하면서 사용법을 새로이 익혀야 하고 관련 정보도 빠르게 입수해야 한다. 알아둬야 할 것도 많고 신경써야 할 일도 많다. 세상이 바뀌는 속도는 점점 빨라지는데 나이가 들면서 적응속도는 점점 느려지는 것도 문제다. 그러니 몸은 따라가지 못하고 머릿속만 점점 복잡해진다.

물론 다양한 첨단제품이나 서비스 덕분에 편리해진 점을 무시할 수 없다. 우편으로 보내면 며칠씩 걸리던 소식을 이메일을 쓰면 몇 초 안에 보낼 수 있고, 며칠씩 도서관에 처박혀 찾아내야 했던 정보도 연구실에 편안히 앉아 검색할 수 있다. 검색 가능한 정보의 양과 내용은 과거와 비교할 수조차 없다. 업무기기들은 또 어떤가. 복합기능을 갖춘 새로운 제품들 덕분에 편리해진 점은 이루 다 말할 수 없을 정도다.

하지만 사용법이 자꾸 복잡해지다 보니까 사람들은 점차 단순한 설계를 찾는다. 애플의 아이폰이나 구글의 크롬이 이런 심리를 잘 파고들어 성공한 예다.

공학에서 기계장치를 제작할 때도 가급적 단순하게 설계하는 것이 바람직하다. 가능하면 부품 수를 줄이고 단순한 형상으로 만들어야 한다. 그래야 사용하기 편리하고 생산과정에서도 공정 수를 줄임으로써 생산성을 높이고 단가를 낮출 수 있다. 좋은 설계는 단순한 설계다. 그렇기 때문에 엔지니어들은 아이디어를 짜내서 가급적 주어진 기능에 충실하면서도 단순한 장치를 설계하려고 한다. 장치가 단순하면 단순할수록 설계자의 천재성이 느껴진다.

이와는 반대로 간단하게 처리할 수 있는 일을 일부러 복잡하게 설계한 기계가 있으니, 일명 골드버그 장치Goldberg Machine다. 얼음 위에서 미끄러져 넘어졌을 때를 대비한 간단한(?) 안전장치가 있는가 하면, 허리를 구부리지 않고도 골프공을 티에 올려놓는 장치, 숟가락질을 할 때마다 자동으로 입을 닦아주는 냅킨 장치 등 황당하고 복잡한 기계들을 말한다.

루브 골드버그Rube Goldberg(1883~1970)는 온갖 기계장치에 치여 사는 현대인의 번잡한 일상을 풍자한 만화로 유명하다. 그는 1948년 핵무기의 위험성을 경고한 〈평화에 대하여Peace today〉라는 작품으로 퓰리처상을 받았다. 기술자인 아버지의 영향으로 공과대학을 졸업했으나 워낙 그림을 좋

자동으로 입을 닦아주는 냅킨(루브 골드버그, 위키피디아)

아하여 직장을 그만두고 만화 그리는 일을 시작했다. 그러다 마침내《뉴욕 이브닝 메일New York Evening Mail》에 매일 만화를 게재하면서 유명해졌다. 밥을 떠먹여주는 기계, 밥 먹고 난 후 입가를 닦아주는 기계 등 일상생활과 관련된 황당한 기계들을 많이 발명(?)했다. 골드버그는 공과대학 졸업생답게 도르래와 스프링, 줄과 고리 등에 적용되는 물리법칙을 정교하게 이용하여 허망하고 한심한 기계장치를 설계했다. 그는 이를 두고 '최소의 결과를 얻기 위해 최대의 노력을 기울이는 인간의 놀라운 능력'이라고 비꼬았다. '골드버그 장치'란 단어는 웹스터 사전에도 수록되어 있으며 '극단적으로 복잡하지만, 실제로는 간단히 처리할 수 있는 일을 수행하는 장치나 방법'이라고 설명되어 있다.

공학설계의 미니멀리즘에 역행하는 골드버그 장치가 역설적으로 공학교육에 활용되고 있기도 하다. 현재 미국의 퍼듀대학을 비롯해 전세계 여러 대학에서 골드버그 장치 콘테스트가 개최되고 있다. 누가 더 황당하면서 복잡한 기계를 만드느냐를 겨루는 대회로서 학생들이 즐기면서 공학적 창의성을 키우는 데 그만이다.

천재 물리학자 아인슈타인은 연구실에서는 복잡한 물리 수식을 다루었어도 일상적으로는 단순한 생활을 좋아했다. 면도하는 비누를 굳이 세수하는 비누와 구별하려 하지 않았다. 일반 비누로도 충분한데 뭐 한다고 복잡하게 두 가지 비누를 사용하느냐, 세상을 좀더 단순하게 살면 편하지 않느냐고 말했다고 한다.

세상살이가 점점 복잡해지는 요즘 우리 생활도 골드버그 장치와 같지 않은지 생각해보게 된다. 단순한 결과를 위해 쓸데없이 복잡하게 살고 있는 것은 아닌지 말이다. 가능하면 복잡함을 멀리하고 머리를 텅 비운 채 아인슈타인처럼 단순하게 살 수 있으면 좋겠다.

10
공대 대학원생
실험실 의식주

　대학을 졸업하고 학업을 계속하려면 대학원에 진학한다. 요즘은 취업이 최우선이다 보니 많이 줄기는 했지만, 여전히 대학원에 진학해서 석사나 박사 과정을 밟으며 대학원 생활을 경험하는 학생이 많다.

　어느 학과나 마찬가지겠지만, 공대에 다니는 대학원생은 학부생과 여러 가지 측면에서 차이가 있다. 가장 중요한 차이를 들라면 대학원생에게는 학교 내에 실험실이라는 일정한 거처가 주어진다는 점이다. 학부생들은 수업을 듣기 위해 가방을 메고 이 강의실에서 저 강의실로 돌아다닌다. 반면 대학원생들은 지도교수 담당 실험실에 소속되므로 그 실험실이나 실험준비실에 연구공간을 마련한다. 이곳에 자기 책상을 확보하고 대학원 다니는 동안 그 자리에서 공부하고 실험실 장비를 활용할 수 있다. 대학원생은 자신의 연구를 위한 실험뿐 아니라 학부생들을 위한 기초실험을 준비하고 실험실 관리도 한다. 대학원 생활이란 결국 이렇게 주어진 자기 책상에서 2년 또는 3년 동안 공부하는 것이라 이해하면 될 것이다.

학교 내에 자신의 자리나 거처가 있고 없고는 여러 가지 생활의 차이를 가져온다. 우선 복장의 변화를 가져온다. 일단 실험실에 있는 동안 츄리닝이라고 하는 가장 편안한 옷으로 갈아입는다. 츄리닝은 원래 트레이닝을 하기 위한 스포츠 의류지만, 값이 싸고 질기며 편하다는 이유로 대한민국뿐 아니라 세계적으로 휴식용 패션으로 애용되고 있다. 신발은 대개 슬리퍼를 선호한다. 통학할 때는 운동화나 구두를 신지만, 보통은 연구실에 하루 종일 앉아 있어야 하기 때문에 무좀을 방지하고 뒤축을 꾸겨 신지 않아도 되는 슬리퍼를 하나씩 가져다 놓는다.

다음으로 식생활에 변화가 생긴다. 복잡한 학생식당에서 줄서서 기다려 정해진 메뉴를 먹어야 하는 불편함과 멀어질 수 있다. 전화 한 통화면 피자, 짜장면, 육개장, 김밥, 퓨전요리 등 다양한 메뉴를 주문해 연구실이라는 대학원생 동료들만의 공간에서 오붓하게 식사를 즐길 수 있다. 점심시간이 가까워지면 대학 내에는 온갖 철가방 오토바이 부대들이 등장해 대학원생 연구실로 배달 경쟁을 한다. 연구실에 있는 실험용 탁자는 점심시간에는 잠시 식탁으로 활용된다. 좀더 분위기 있는 식사를 원한다면 식탁 겸용으로 활용할 수 있는 일명 세미나용 탁자를 마련한다. 대학원생 수를 고려해 적당한 크기의 테이블로 하되 이웃 연구실의 동료 등 유동적인 식구 수를 유연하게 소화할 수 있도록 둥근 테이블이면 더욱 좋다.

매일 배달민족의 음식을 먹다 보면 식대가 부담스럽거나 가격 범위 내에서 고를 수 있는 메뉴의 한계를 느끼게 된다. 그러다 보면 색다른 메뉴와 간편한 식사를 위해 실험실에서 해먹을 수 있는 랩-메이드Lab-made 요리를 찾게 된다. 바로 인스턴트 요리, 라면이다. 처음 판매되기 시작한 때에 비하면 요즘은 종류가 정말 다양해지고 인스턴트라는 생각이 안 들 정도로 질이 높아졌다. 라면을 먹다 보면 김치가 생각난다. 라면과 함께 먹는 잘 익은 김치 한 점은 산해진미가 부럽지 않다. 그런데 김치를 보관하려면 소형 냉장고가 필요하다. 다른 실험실은 몰라도 냉동공학이나 열전달 실험실 같은 곳에서는 일정한 온도를 유지할 수 있는 항온조나 얼음을 보관하는 냉동고가 있게 마련이다.

실험실에서 밤을 보내는 경우가 가끔 생긴다. 대중교통이 끊겨서 집에 갈 수 없는 경우도 있지만, 대부분은 과제제출 기한을 앞두고 할 일이

밀려서 피치 못해 밤샘을 해야 하는 경우다. 밤을 보낸다고 하는 것은 의나 식에 비하여 민감한 부분이며 이를 위해서는 필요한 것이 많이 생긴다. 학교 건물은 밤에 사람이 머무는 공간으로 여겨지지 않기 때문에 밤이 되면 건물의 기본적인 운전과 관리가 정지되고 모든 곳에 출입통제가 시작된다.

우선 밤에 춥지 않게 있으려면 난로가 필요하고 잠시 눈 좀 붙이려면 담요와 베개가 필요하다. 실험실에 있는 실험 캐비닛 속에는 이러한 물품들이 장비 사이 구석구석에 잘 숨겨져 있다. 간이용 침대가 있는 경우도 있지만, 허리를 잘 받쳐주는 딱딱하고 큼직한 실험용 테이블이 제격이다. 실험실은 언제 세탁한 지도 모르는 수건을 포함해 세면도구를 기본적으로 갖추고 있다. 밤샘 후 머리라도 감으려면 학교 구내에 있는 샤워실의 위치를 알아두면 좋다. 집이 아닌 불편한 실험실에서 밤을 지새고 창밖에 먼동이 틀 때쯤이면 피곤이 물밀듯이 엄습해온다. 하지만 기한 내에 모든 실험을 마치고 보고서를 마무리했다는 사실은 스스로 성취감에 부르르 떨게 한다.

모 대학원 실험실에 다니는 대학원생들 사이에는 열심히 하겠다는 학기별 각오가 있다고 한다. 첫 번째 학기에는 '하면 된다!' 두 번째 학기에는 '안 되면 되게 하라!' 세 번째 학기에는 '될 때까지 해라!' 그러다가 마지막 학기가 되니까 '될 대로 되라'였다고 한다. 우스갯소리지만 하면 된다는 신념을 가지고 될 때까지 하는 수많은 대학원생들이 오늘도 실험실에서 밤을 지새고 있다.

젊었을 때는 어떤 것에 골똘히 몰두하고 무엇인가를 끊임없이 추구하는 빡센 생활 속에서 미분방정식 풀이법이나 실험 테크닉을 배우는 것이상으로 치열한 생활자세와 철저한 자기관리를 배운다. 한 가지 일에 완전 몰입하여 고도의 집중력이 지속될 때 무아지경의 경지에 도달했던 경험이나 자신을 이겨내고 과업을 완성했을 때 찾아오는 성취감의 전율은 무엇과도 바꿀 수 없는, 평생 동안 자산이 될 소중한 경험들이다. 오래전 대학원을 다닐 때 맛보았던 '혹독한 몰입의 즐거움'과 '피곤함 후의 행복한 성취감'을 오늘도 다시 맛보고 싶다.

11
영구기관
발명가의 열정

    대학원생 시절 연구실에서 공부하다 보면 잡상인들이 많이 찾아오는데 이따금씩 아주 특별한 분들이 찾아오신다. 대부분 초로의 나이에 차림새는 허름하지만, 얼굴은 신념으로 가득 차 있고 눈빛은 열정으로 불타고 있는 사람들이다. 영구기관永久機關, perpetual machine을 발명(?)한 분들이다. 집에 실험실을 차려놓고 평생토록 가산을 탕진해가면서 인류의 에너지 문제를 원천적으로 해결할 수 있는 영구기관 개발에 매진한 분들이다. 이분들은 열역학이나 기구학 관련 교수님들을 찾아갔다가 얘기가 통하지 않으니까 공과대학 대학원생들이라도 붙잡고 하소연하려고 찾아오는 경우가 대부분이다.

    참으로 기발한 아이디어가 많다. 중력과 자력, 장력과 원심력, 심지어 부력까지 교묘하게 이용하여 외부의 동력 없이 저절로 굴러가도록 고안된 것들이다. 이분들은 열역학법칙들을 제일 싫어한다. 교수님들이 잘못된 점을 구체적으로 지적하지는 못하면서 단순히 "열역학법칙에 위배된다"는 말만 되풀이한다고 불만을 토로한다. 몇 년 전 한 재야 발명가가 신문에 낸 광고를 보면 그 회한이 얼마나 큰지 짐작할 수 있다.

무릇 자연계열의 학문 속에는 사람에 의해 논증된 법칙이 존재하고 있다. 이들 중 수학이라는 학문에서는 '수학의 3대 불가능'이라는 지고한 법칙이 있고, 또 물리학에서는 '에너지보존법칙'이라는 영구 불변의 법칙이 있다. 이들 법칙은 학문적 의문의 제기 그 자체마저 거부하는 금기라는 학문적 권능으로 전해지고 있다. 그러나 각양한 사람들 중에서 때로는 한 문외한의 돌출사고 또는 무지에 의한 의문일 수도 있을 '이 법칙들엔 과연 오류가 내재하면 안 되는가?' 하는 의문과 그 의문의 시작부터 불어닥치게 되는 전문인들의 고압적 · 냉소적 매도 앞에서 상대적으로 겪어야 했던 수모와 모멸감은 분노하는 야성의 본능과 상승하면서 기어코 '반증'이라는 오늘에 이르게 하고, 이제는 시간의 흐름 앞에 밀려 서둘러 이번 발표회를 통해 수학의 '구성론'과 물리학의 '삼력기관'의 실체를 밝히려는 것이다(2006. 10. 28《조선일보》).

영구기관이란 외부의 동력을 공급받지 않고 영구히 일을 계속할 수 있는 가공의 동력기관을 말한다. 열역학법칙에 제1법칙과 제2법칙이 있듯이 영구기관에도 1종 영구기관과 2종 영구기관이 있다. 1종 영구기관은

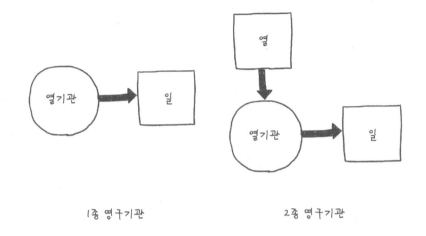

1종 영구기관

2종 영구기관

에너지보존법칙인 열역학 제1법칙을 위배하는 것으로 에너지를 공급받지 않고도 계속해서 일할 수 있는 기계를 말하며, 2종 영구기관은 제1법칙은 만족시키지만 제2법칙을 위배하는 것으로 하나의 열원으로부터 열을 흡수하면 이것을 계속해서 그대로 일로 변환시키는 기계를 말한다.

어찌 보면 그럴듯해 보이는 영구기관이 존재할 수 없는 이유는 앞에서 얘기했듯이 열역학법칙을 어기기 때문이다. 1종 영구기관이 불가능한 이유는 에너지가 보존되지 않아서다. 즉 에너지가 들어오지 않는데 무에서 에너지를 만들어낸다거나 있는 에너지를 없애는 것은 말이 되지 않는다. 또 열은 뜨거운 곳에서 찬 곳으로 흐르지, 거꾸로는 흐르지 않는다. 따라서 2종 영구기관 역시 불가능하다. 외부의 도움 없이 어떻게 낮아진 열을 높여 끊임없이 일하게 할 것인가?

인류에게는 오랫동안 꿈꿔온 것이 몇 가지 있다. 영원히 죽지 않고 살 수 있는 불로장생의 영약을 만드는 것과 다른 물질로부터 금을 만드는 것, 즉 연금술이다. 엔지니어라면 여기에 한 가지 더 추가하여 영원히 저절로 돌아가는 영구기관을 만드는 꿈이 있다. 지금까지 수많은 사람들이 영구기관에 매달려왔다. 영구기관만 만들어진다면 인류의 에너지 문제는 말끔하게 해결될 수 있으며, 화석연료의 고갈이나 연소에 의한 환경 오염을 걱정하지 않아도 된다. 어쩌면 인류문명사에 대변혁을 가져올 수 있을 것이다.

그러나 아쉽게도 외부로부터 동력을 공급받지 않고 스스로 에너지를 만들어 영원히 움직이는 장치란 이미 오래전에 만들 수 없다는 것이 과학적으로 증명되었다. 영구기관은 현행 특허법에서 '산업상 이용할 수 없는 발명'이나 '완성될 수 없는 발명'으로 분류되어 있으며 이런 발명들은 아예 접수도 받아주지 않는다.

하지만 그렇다고 해서 영구기관을 만들겠다는 꿈이 완전히 의미가 없는 것은 아니다. 비록 성공하지는 못했지만, 불로장생의 풀을 찾아내 영약을 만들고자 했던 사람들 덕분에 식물학과 약학이 발전했다. 금을 만

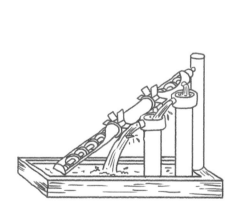

아르키메데스의 수차를 이용한 영구기관

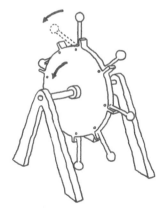

오누클의 쇠망치 수레바퀴

들려고 누런색이라면 무엇이든 가져다 끓이고 섞는 과정에서 물질의 성분을 규명하는 화학이 발전했다. 마찬가지로 영구기관을 만들고자 하는 수많은 사람들의 꿈과 열정 덕분에 발명에 대한 관심과 공학에 대한 기대를 불러일으킬 수 있었다. 영구기관을 만드는 데 성공할 수는 없더라도 무언가를 만들고자 했던 재야 발명가들의 열정과 꿈은 오늘날 젊은 엔지니어들이 배워야 할 덕목이 아닌가 싶다.

12

현학적 관용문구

연구논문의 속뜻

관심을 갖고 꾸준히 탐구하던 과제에서 그럴듯한 연구결과가 나오면 이를 정리해서 많은 사람들이 볼 수 있도록 논문으로 발표한다. 하지만 요즘은 실적이나 결과를 워낙 중시하다 보니 호기심 어린 학문탐구나 산업체에 필요한 기술개발보다는 보고서를 위한 보고서 또는 논문을 위한 논문을 작성하는 경우가 허다하다. 열전달 분야에서 평생 동안 수백 편의 논문을 발표한 미네소타대학의 스패로우E. M. Sparrow 교수는 사람들이 논문을 쓰는 이유에 대해 "수많은 학회지를 모두 백지로 출간할 수 없기 때문"이라고 비꼬아 말했다. 스스로 발견한 동기보다는 남의 논문에서 발췌한 연구주제를 가지고, 단순히 연구실적을 쌓기 위해 논문을 작성하여, 아무도 읽지 않는 논문집에 출간하는 경우가 많다는 것이다.

어쨌거나 과학기술 분야에서 오랫동안 논문작성 하는 일을 하다 보면 자주 사용되는 관용문구들을 하나둘씩 익히게 된다. 보통 글과 달리 논문에는 꽤 점잖고 완곡한 표현들이 많이 등장한다. 그래선지 연구자들은 논문에 쓰이는 솔직하지 못하고 현학적인 관용표현들을 스스로 비꼬는 경우가 있다. 여기 논문에 애용되는 관용문구에 대해 '원래의 의미(?)'를 설명하는 논문용어사전의 일부를 소개한다. 함께 크게 웃어보자고 소개하는 것이니 이 내용을 근거로 다른 논문에 시비를 걸거나 문제제기는 하지 않도록 하자.*

✔ **논문용어사전**

잘 알려진 사실이다. ➡ 어디서 들어본 것 같다.

일반적으로 그렇게 알려져 있다.

➡ 최소한 나는 그렇게 생각한다.

연구가 필요하다. ➡ 무슨 말인지 잘 모르겠다.

이해를 필요로 한다. ➡ 아직까지 들어본 기억이 없다.

이해의 폭을 넓혔다. ➡ 이제 무슨 말인지 겨우 알겠다.

연구를 수행하려고 한다. ➡ 처음 들어보는 내용이다.

연구를 수행한 바 있다. ➡ 전부터 관심을 가지고 있었다.

오래전부터 연구해왔다. ➡ 파일 어디엔가 보관되어 있다.

연구가 진행 중이다. ➡ 연구에 착수하려고 준비 중이다.

연구에 많은 진전이 있었다. ➡ 연구를 막 시작했다.

추후 연구과제로 삼겠다. ➡ 언제 다시 연구할지는 잘 모르겠다.

후속적인 연구가 필요하다.

➡ 본 연구는 실패라는 것을 인정한다.

통계분석에 따르면 ➡ 아무렇게나 추측컨대

결과는 기초 데이터로 활용될 것으로 기대한다.

➡ 결과는 결과일 뿐 별 의미는 없다.

전형적인 결과다. ➡ 유일한(가장 잘 나온) 결과다.

의미 있는 경향을 보인다. ➡ 별 쓸모없는 결과다.

약한 상관관계를 보인다. ➡ 아무렇게나 퍼져 있다.

비교적 잘 일치한다. ➡ 상당한 차이가 있음을 인정한다.

완벽하게 일치한다. ➡ 잘 맞다니 예상 밖이다.

이론적인 연구다. ➡ 실제 쓸모는 없는 연구다.

실용적인 연구다. ➡ 신빙성을 기대할 수 없는 연구다.

관용어구를 소개했으니 이제 실제 논문에서 사용된 의미를 파악해볼까 한다. 다시 한 번 강조하지만 웃자고 하는 얘기니 너무 확대해서 해석하지는 말기를 바란다.

✔ 초록(괄호 안은 번역된 의미)

일반적으로 OO 현상은 매우 어려운 것으로 알려져 있다(나에게는 OO 현상이 참 어렵다). 하지만 이론적 또는 실용적 측면에서 중요성이 크다(하지만 관심은 가지고 있었다). 그동안 OO에 관한 많은 연구가 수행되어왔지만(남들은 잘 아는지 모르겠지만) 앞으로도 지속적인 연구가 필요한 분야다(나는 아직 이해하지 못하고 있는 분야다). 여기서는 현재 수행 중인(착수를 준비하고 있는) 이론적인(쓸모는 별로 없는) OO 연구에 대하여 설명하고자 한다.

전형적인(가장 예쁘게 잘 나온) 실험결과는 Fig. 1과 같다. 첫 번째 데이터를 분석해보면(나머지 데이터는 해석이 안 되기 때문에) 변수에 따라 약간의 경향성을 보임(별 의미 없이 분포되어 있음)을 알 수 있다. 이러한 실험결과를 통계적으로 유추해보건대(아무렇게나 때려잡아도) 계산차수 범위 내에서 정확하다고 볼 수 있다(틀렸다고밖에 볼 수 없다). 반면 Fig. 2는 비교적 잘 일치하고 있다(잘 맞다니 예상 밖이다). 이것은 일반적으로 잘 알려진(나 말고도 한두 명 정도 더 그렇게 생각하고 있는) 사실이다.

본 연구결과는 OO 연구에 있어서 기초 데이터로 활용될 수 있을 것으로 기대한다(별 쓸모가 없다는 것은 인정한다). 향후 수치해석에 관한 내용은 다음 보고서에서 설명하겠다(연구비가 생기면 생각해보겠다). 끝으로 지금까지 실험을 도와준(모든 일을 알아서 도맡아 한) 석사과정 김아무개와 유익한 토론을 함께 한(그 실험이 뭐하는 건지 나에게 설명해준) 박사과정 이아무개에게 감사한다.

논문에서의 현학적 표현을 조롱하는 영어 표현

It has long been known...

➡ I didn't look up the original references.

It is believed that... ➡ I think...

It is generally believed that...

➡ I think this and at least one other person agrees with me.

Of great theoretical and practical importance...

➡ It is interesting to me.

While it has not been possible to provide definite answers to these questions...

➡ An unsuccessful experiment, but I still hope to get it published.

Three of the data sets were chosen for detailed study...

➡ The results of the others didn't match my conclusions.

The most reliable results are those obtained by Jones...

➡ He was my graduate student.

It is hoped that this study will stimulate further investigation in this field... ➡ This is a lousy paper, but so are all the others on this miserable topic.

A careful analysis of obtainable data... ➡ Three pages of notes were obliterated when I knocked over my beer.

After additional study by my colleagues...

➡ They don't understand it either.

13
이그노벨상
엉뚱한 상상력의 힘

매년 가을이 되면 노벨상 수상자가 발표된다. 우리나라에서도 혹시나 수상자가 나오지 않을까 은근히 기대해보지만 좋은 소식은 좀처럼 전해지지 않는다. 지금까지 우리나라에서 수상한 노벨상은 김대중 전 대통령이 받은 노벨 평화상이 유일하다. 그에 비하면 일본은 노벨상 수상자가 현재까지 무려 25명이나 된다. 특히 이중 세 명을 제외한 22명은 모두 물리학, 화학, 생리학, 의학 등 과학 분야의 수상자들이다.

부러우면 지는 것이라 했던가. 평소에는 아무렇지 않다가도 노벨상만 생각하면 왠지 기가 죽는다. 정부에서는 노벨상을 목표로 전략을 세우며 노벨 과학상 수상국을 향한 도전을 시작했다. 하지만 상을 무슨 전투하듯이 쟁취할 수 있는 것인가. 과정은 무시한 채 과실만 탐할 수 있는 것

The **Ig·Nobel** Prizes honor research that first make people **laugh**, and then make them **think**

'이그노벨상은 일단 사람들을 웃기고, 그러고 나서 생각하게 만드는 연구에 수여된다'

인가.

작은 일이라도 탐구하는 사회적 분위기가 형성되면 스스로 무언가에 몰입하면서 지적 희열을 즐기는 사람들이 많아진다. 자유로운 생각을 존중하는 분위기가 만들어지면 기발한 생각을 하는, 그야말로 미친 사람들이 많아진다. 미친 듯이 좋아서 탐구하는 엉뚱한 영혼들이 많아져야 어느 날 자신도 모르게 노벨상이든 무슨 상이든 따라오는 것이지, 상을 좇아간다고 잡을 수 있는 것이 아니다. 돈을 벌려면 돈을 좇지 말고 돈이 따라오게 만들어야 하듯이, 진정으로 노벨상을 원한다면 노벨상을 목표로 하지 말아야 할 것 같다.

아무튼 노벨상은 받기가 어려우니 이를 패러디한 이그노벨상Ig Nobel Prize에 관심이 간다. 이 상은 1991년 미국의 유머과학잡지인《별난 연구 연감Annals of Improbable Research, AIR》의 편집자인 마크 아브라함Marc Abrahams에 의해 제정되어 오늘에 이르고 있다. 이그노벨은 불명예스럽다는 의미의 이그노블ignoble과 노벨Nobel을 유머러스하게 합성한 것이다. 이 상은 '일단 사람들을 웃게 하고, 그러고 나서 생각하게 하는 데 기여한 업적에 수여한다'고 한다. 종종 진지하지 못하고 사회를 풍자하는 것 때문에 비난을 받기도 하지만, 엉뚱해 보이는 연구가 창의력을 증진시키고 유용한 지식을 생산해낼 수 있다는 의견이 많다.

이그노벨상 시상식은 하버드대학교에서 진짜 노벨상 발표에 즈음하여 개최되는데 시상식 역시 기발한 아이디어로 진행되어 화제가 되곤 한다. 시상식에는 노벨상 수상자들도 다수 참석하는데 가면무도회 같은 우스꽝스러운 복장을 하고 등장하기도 한다. 참석자들은 시상식 도중 종이비행기를 만들어 연단을 향해 날린다. 지루하거나 쓸데없이 시간을 낭비하는 것을 극도로 싫어하는 사람들이기 때문에 수상자가 수상 소감을 얘기할 때 길지 않게 하는 것이 생명. 조금만 길어지면 지체없이 '스위티 푸'라는 꼬마 여자아이가 팻말을 들고 단상에 등장하여 큰 소리로 "그만 하세요. 지루해요"라고 외치며 수상자를 압박한다. 또 시상식 때 열리는 하이젠베르크 확정성 강연회에서는 과학자, 예술가, 정치인 등 누가 강연을 하든 내용에 상관없이 모두 30초 이내에 강연을 마쳐야 하는 규정이 있다.

이그노벨상에는 물리학상, 화학상, 생물학상, 의학상, 수학상, 경제학상, 평화상, 공학상 등이 있지만 그때그때 상의 이름을 바꾸거나 추가하기도 한다. 공식적인 수상기준으로는 다시는 할 수 없고 해서도 안 되는 업적을 이루어야 하고, 비공식적 기준으로는 이룬 업적이 바보 같으면서도 시사하는 바가 있어야 한다. 이제부터 역대 수상자들의 연구 중 흥미로운 것들을 뽑아서 소개하겠다.

먼저 물리학 분야에서는 1996년 머피의 법칙을 실험적으로 규명한 영국의 물리학자 로버트 매슈Robert Matthews가 수상했다. 그는 토스트에 버터를 바르고 떨어뜨리는 실험을 체계적으로 수행한 결과 버터 바른 면이 바닥을 향한 확률이 62퍼센트에 달했다는 실험결과를 발표했다. 이어 1999년에는 차와 커피에 비스킷을 찍어 먹을 때 가장 맛있게 먹을 수 있는 방법을 제안한 영국의 물리학자 렌 피셔Len Fisher 박사가 수상했다. 비스킷에서 설탕 부분이 먼저 녹기 때문에 부서지지 않게 하려면 설탕을 입힌 부분이 먼저 닿도록 수평으로 적시는 것이 좋지만, 더 맛있게 먹으려면 설탕이 발라져 있지 않은 부분이 먼저 닿는 것이 낫다는 결론을 내렸다. 여기에 비스킷을 적시는 시간에 대한 방정식까지 만들어 종류별로 최적시간을 계산했다. 2000년도 수상자는 개구리 공중부양을 연구한 안드레 가임Andre Geim인데, 그는 2010년 그래핀에 관한 연구로 진짜 노벨 물리학상을 받았다. 가임은 노벨상과 이그노벨상을 둘 다 받은 유일한 수상자다.

그밖에 재미있는 주제로 샤워커튼이 안쪽으로 부풀어오르는 원인에 관한 유체역학 연구(미국 매사추세츠대학 데이비드 슈미트David Schmidt, 2001), 수학의 지수법칙을 따르는 맥주 거품에 대한 연구(독일 뮌헨대학 아른트 라이케Arnd Leike, 2002), 침대 시트의 구겨짐 연구(미국 하버드대학 라크슈미나라야난 마하데반Lakshminarayanan Mahadevan 등, 2007), 말총머리 소녀가 걸어갈 때 머리가 흔들리는 모양에 관한 연구(영국 캠브리지대학 이론물리학과 교수팀, 2012), 바나나 껍질의 마찰계수에 관한 연구(일본 기타사토대학 마부부치 기요시馬渕清資, 2014), 포유류의 소변 보는 시간과 몸집과의 상관관계에 관한 연구(미국 조지아공대 데이비드 후David Hu 등,

2015) 등이 있다.

화학 분야에서는 1999년 남편이 불륜을 저질렀는지 팬티에 뿌려서 확인할 수 있는 S-Check 스프레이를 만든 일본의 탐정사가 수상했고, 2002년에는 주기율표periodic table를 나무탁자로 만든 미국의 테오도르 그레이Theodore Gray 팀이 수상했다. 주기율표에서 '표'는 영어로 '테이블'인데 엉뚱하게도 진짜 테이블을 만든 것이다. 그런가 하면 2011년 일본 연구팀은 화재 알람을 듣지 못해 위험에 처할 수 있는 청각장애인을 위해 고추냉이를 공기 중에 희석시킨 '와사비 알람'에 관한 연구와 2013년 양파를 썰 때 눈물이 나는 이유에 대해 기존에 밝혀진 것 말고도 더 복잡한 과정과 추가적인 성분들에 의한 것이라는 사실을 과학적으로 규명하여 화학상을 받았다. 일본 연구자들이 노벨상뿐 아니라 이그노벨상에서도 두각을 나타내는 것을 보니 화학 분야는 확실히 일본이 강한가 보다.

진짜 노벨상에는 공학 부문이 없지만 이그노벨상에는 있다. 그것도 다양한 이름으로 공학상이 수여된다. 1993년에는 수많은 가정용품을 발명한 론 포필Ron Popeil이 베그오매틱Veg-O-Matic이라는 야채 채칼을 발명한 공로로 소비자 공학상을 수상했고, 같은 해에 환상의 기술상이란 이름으로 운전 중에도 TV를 볼 수 있는 오토비전auto vision을 발명한 제이 스치프먼Jay Schiffman도 수상했다. 또 2000년에는 고양이가 키보드 위를 걸어가는 것을 감지해서 그럴 경우 문자가 입력되지 않도록 하는 소프트웨어를 개발한 크리스 니스완더Chris Niswander가 컴퓨터 공학상을 수상했다.

이밖에 2006년 평화상이라는 이름으로 청소년들만 들을 수 있는 고주파음을 이용해서 나이든 선생님들은 듣지 못하고 학생들끼리만 소통할 수 있는 벨을 만들어낸 하워드 스태플턴Howard Stapleton 팀이 수상했고,

2010년에는 원격조정 헬리콥터를 이용해 고래의 콧물을 모으는 방법을 완성한 영국 동물학회 연구자들이, 2013년에는 비행기 납치범을 낙하산에 묶어 경찰에게 내려보내는 방법을 고안한 구스타노 피조Gustano Pizzo 교수 등이 수상했다.

2012년에는 일본의 쿠리히라 카즈타카栗原一貴 박사팀이 말 많은 사람들의 수다를 줄이기 위해서 개발한 스피치 재머speech jammer로 음향학상을 받았다. 사람이 말하는 것을 약간의 시간차를 두고 다시 들려주면 자기가 얼마나 수다스러운지 스스로 알게 되고 뭔가 어색하다고 느끼면서 말을 줄이게 된다는 원리라고 한다.

같은 해 미국 산타바바라대학 기계공학과 루슬란 크레체트니코프 Rouslan Krechetnikov 교수팀은 누구나 한 번쯤 겪어봤음직한 문제, 커피잔을 들고 움직일 때 커피가 쏟아지는 현상에 관한 연구로 유체역학상을 수상했다. 이들은 보행속도와 보폭에 따른 상하·전후·좌우 방향의 인체 움직임을 비롯해 커피잔의 크기와 형상에 따른 유동현상을 변수로 하여 다양한 실험을 수행했고, 커피가 쏟아질 때 인간 보행에 관한 생체공학과 유체의 출렁임 역학이 복잡하게 상호작용한다는 사실을 밝혀냈다. 이 연구결과는 현재 비행기 연료탱크 내 연료의 출렁임을 방지하는 데 활용되고 있다.

우리나라 사람으로는 1999년 향기 나는 양복을 개발한 코오롱의 권혁호 씨가 환경보호상을 받았고, 2000년 대규모 합동결혼을 성사시킨 공로로 통일교 문선명 교주가 경제학상을 받았다. 그리고 2011년 휴거 소동의 장본인인 다미선교회 이장림 목사가 '세계 종말을 열정적으로 예언한 사람들'로 수학상을 받았는데, '수학적 추정을 할 때는 조심해야 한다는 사실을 세상에 일깨워준 공로'라고 한다.

이그노벨상은 과학 그 자체를 강조하기보다는 사회를 풍자하는 측면도 있고 어떤 때는 사회적으로 중요하지 않은 주제를 다루기도 하지만, 접근방법만큼은 과학적으로 오류 없이 치밀하게 수행된 연구들이 상당히 많다. 현재 진행되고 있는 대부분의 연구들은 사회적 필요나 경제적 이득을 취하기 위해 분명한 목적을 가지고 수행된다. 그 과정에서 연구자들의 의무감만 강조되고 탐구의 즐거움이나 상상의 자유로움을 찾아보기는 어려울 때가 있다. 그런 의미에서 이그노벨상은 장난스럽기는 해도 과학탐구의 원초적인 즐거움을 일깨워주는 상이라는 생각이 든다.

14
엔지니어라는 자부심
잔인한 PE 시험

몇 년 전 미국의 공학단체연합회American Association of Engineering Societies, AAES 에서 한 여론조사 기관에 의뢰하여 과학기술에 대한 대중의 평가와 인식에 관한 연구를 수행했다. 여기서 미국인들은 자녀들의 장래 직업으로 엔지니어를 가장 선호하는 것으로 나타났다. 10점을 만점으로 할 때 높은 점수를 얻은 직업으로 회계사가 8점, 목사가 7점인데 비해 엔지니어는 그보다 높은 9점을 얻었다. 왜 엔지니어가 되면 좋겠느냐는 질문에 '월급이 많기 때문에'라는 답변과 함께 '사회에 기여도가 높아서'라는 답변이 가장 많았다. 또 다른 이유로는 '재미있는 일을 할 수 있어서'와 '직업적 명성 때문에'라는 답변도 있었다. 엔지니어라는 말을 처음 들었을 때 38퍼센트가 '세운다/건설한다/만든다', 19퍼센트가 '설계한다/그린다/

계획한다', 9퍼센트가 '기계/기계설비' 등을 떠올리는 것으로 나타났다.

과학기술 분야 직업에 대한 미국인들의 존경심은 대단하다. 네 명 중 세 명 이상(77퍼센트)이 현재의 높은 생활수준을 과학기술인의 기여 덕분으로 생각한다. 과학자와 비교할 때 엔지니어는 경제발전(69퍼센트, 과학자 25퍼센트)과 국가안보(59퍼센트, 과학자 29퍼센트), 지도자 양성(56퍼센트, 과학자 32퍼센트)에 더 많이 기여하는 것으로 답변했다. 대부분의 응답자는 일상생활의 거의 모든 부분에 엔지니어들이 관련되어 있다고 생각했다. 특히 교통분야에서 98퍼센트가 자동차와 비행기 생산, 고속도로, 다리, 터널 등의 건설에 기여한다고 생각하고 있으며, 95퍼센트가 전자제품 및 건물의 냉난방 등에 기여하고 있다고 생각한다.

또한 미국인들의 33퍼센트는 엔지니어가 하는 일에 대해 어느 정도 알고 있다고 답변했고, 40퍼센트 정도는 엔지니어링에 흥미를 느낀다고 답변했다. 개인적으로 평균 여섯 명의 엔지니어를 알고 지내는 것으로 나타났다.

우리와 비교되는 흥미로운 결과다. 특히 몇 명의 엔지니어를 알고 있는가 하는 질문은 결과를 떠나서 질문 자체가 흥미롭다. 과연 우리는 몇 명의 엔지니어를 알고 있을까? 누가 엔지니어인지는 알고 있을까? 누가 엔지니어인지는 어떻게 알까? 의사나 변호사를 알고 있는 것처럼 엔지니어를 알고 지내는 것이 인생에 도움이 된다고 생각할까?

'엔지니어'라고 하면 우리말로는 '기술자'인데 그 정의가 명확하지 않다. 일반적으로는 공과대학을 졸업하여 엔지니어링 분야에서 활동하는 사람을 말한다. 또 특정 학위를 갖고 있지 않더라도 특별한 기술을 가지고 있는 사람을 통칭하여 기술자라고 한다. 그런데 기술자라는 말은 일반용어로서 워낙 널리 사용되다 보니 고문기술자, 도박기술자, 사기기술자 등 부정적인 의미로 사용되는 경우도 많다.

미국에서는 엔지니어라고 하면 엔지니어링 자격증을 가진 사람을 말하며, 주로 프로페셔널 엔지니어Professional Engineer, PE를 말한다. PE는 최고급 기술자로서 우리나라의 기술사에 해당한다. 의사가 의료자격증을 따면 이를 근거로 의료행위를 하고, 변호사가 사법시험에 합격하면 법률서비스를 제공하는 것처럼 기술자는 PE 자격증을 따면 자신의 이름을 걸고 기술영업 행위를 할 수 있다. 기사, 기능사 등 여러 가지 기술 관련 자격증이 있지만 PE야말로 엔지니어의 꽃이요 산업현장의 박사학위다.

미국의 PE 제도는 주마다 조금씩 다르기는 하지만, 원칙적으로 시민권이 있어야 하고 우리나라의 기사 자격에 해당하는 EIT 자격을 따고 난 후 4년 이상의 현장실무 경력이 있어야 한다. 여기서 EITEngineer in Training는 말 그대로 '수습 중인 엔지니어'라는 뜻으로 PE를 따기 전까지는 정식 엔지니어가 아니라는 뜻을 내포하고 있다.

나는 운이 좋게도 미국의 PE 자격증을 취득할 수 있었다. 박사학위를 받은 후 컨설팅회사에 근무하면서 PE 시험에 대해 알게 되었다. PE 시험은 우리나라와 달리 경력심사와 필기시험으로 이루어져 있으며 별도의 면접시험은 없다. 필기시험은 도전해볼 만 했지만 경력심사가 워낙 까다롭기 때문에 별로 염두에 두고 있지 않았다. 하지만 직장 상사의 적극적인 추천에 힘입어 그동안 작성했던 기술 리포트를 몇 개 제출했더니 요행히 실무경력을 인정받을 수 있었다. 경력심사에 통과되었다는 연락과 함께 필기시험 날짜를 통보받았는데 시험일에 한국으로 귀국해야 하는 입장이라 원래 지정된 장소에서 시험을 볼 수 없었다. 주정부위원회에서는 특별히 사정을 배려해 시험장소를 서울 종로 5가에 있는 미군 공병단으로 변경해주었다.

시험 당일 생각보다 꽤 많은 사람들이 모여들었다. 필기시험은 오전 오후로 나뉘어 있으며, 점심시간도 거의 없이 하루 종일 계속된다. 그래서 미국에서는 PE 시험을 가리켜 '잔인한 8시간의 시험brutal eight hour exam' 이라고 한다. 시험은 모두 오픈북open book이기 때문에 어떤 책을 가지고 와도 몇 권을 가지고 와도 상관하지 않는다. 어떤 사람은 이사하는 사람처럼 여러 개의 사과상자를 들고 왔다. 자신이 보던 책을 몽땅 가지고 온 것이리라. 내게는 최소한의 물성치와 여러 분야에서 나오는 기초공식 등을 쉽게 찾을 수 있는 핸드북 같은 것이 특히 요긴했다.

오전 시험문제는 단순했지만 오후 시험문제는 종합적인 문제들이었다. 계산된 결과를 보고 자신의 견해를 개진해야 하는 문제도 있었다. 실무경험 없이는 해결할 수 없는 문제들인 동시에 나이가 들어 계산능력이 떨어져도 해결할 수 없는 문제들이었다. 공부에 '때'가 있듯 기술사를 따는 데도 '나이 밴드'가 있겠구나 싶었다.

대학교수에게 기술사 자격증은 그리 쓸모가 있는 것은 아니다. 국내에서 기술영업을 할 것도 아니고 자격증을 필요로 하는 경우도 거의 없다. 하지만 가지고 있다는 사실만으로도 뿌듯하고, 또 기술사회에서의 각종 정보를 받아볼 수 있어서 좋다. 무엇보다 이따금씩이라도 엔지니어로서의 역할을 일깨워주는 것이 좋다.

자격증을 유지하려면 연회비를 납부하고 매년 일정 시간 이상의 평생교육학점Professional Development Hour, PDH을 따야 한다. 평생교육학점이란 자기발전을 위해 공개강의 수강, 세미나 참석, 논문발표 등을 수행한 시간을

한 학기 학점으로 환산한 것이다. 자격증을 취득하면 끝나는 것이 아니라 평생 동안 관리를 하는 셈이다.

글로벌 시대에 기술자격 분야에서도 무한경쟁이 예고되어 있다. 국적에 관계없이 실력 있는 변호사에게 의뢰인이 많이 모이는 것처럼 실력 있는 기술사가 잘 팔리게 되어 있다. 그렇게 되기까지 우리나라의 엔지니어링 자격증 취득과 관리에 관한 사항이 국제적인 기준에 부합되도록 바뀌어야 한다. 또 평생교육 시스템도 구축되어야 한다. 무엇보다 자격시험이 국제 기준에 맞는 경쟁력 있는 기술자를 선별할 수 있어야 한다. 이렇게 되면 엔지니어의 실력을 담보하고 양적인 공급을 조절함으로써 엔

세계 주요 국가의 기술사 제도

구분	한국	일본	미국	영국	독일	프랑스
자격 명칭	PE (기술사)	기술사	Professional Engineer	Chartered Engineer	Diplom Ingenieur	Ingenieur Diplome
법적 근거	국가자격법	기술사법	각 주의 PE법	Royal Charter	연방법 및 주법	엔지니어 타이틀법
자격 인정 기관	노동부	과학기술청	주등록위원회	왕립공학평의회	공학계 대학	Eng 타이틀 위원회
자격 분야	22개 분야 84개 종목	19개	19개	19개	22개	–
심사 방법	필기 +면접	필기 +면접	필기	면접 +논문	없음	없음
실무 경험	4~9년	4~7년	2~6년	4년	교과 과정에 포함	0~2년
유자격자 총수	46,200명	45,000명	414,000명	200,000명	800,000명	320,000명
합격률	10% 이내	16% (1998)	35%	65%		

지니어의 가치를 높이고 자부심을 높일 수 있다. 나는 기술자라고 당당하게 내세울 수 있는 사회, 남들이 기술자를 많이 알고 지내는 것을 자랑할 수 있는 그런 사회를 만드는 것이 우리에게 주어진 숙제일 것이다.

15
첨단기술
모래성 쌓기

해변 백사장에 가면 많은 사람들이 모래성을 쌓는다. 모래를 손으로 다지면서 원뿔 모양으로 모래성을 쌓아올린다. 더 높이 만들려고 모래를 퍼올리지만 모래는 비탈면을 따라 자꾸 흘러내린다. 흘러내리면서 바닥 면적만 점점 넓어질 뿐 높이는 좀처럼 높아지지 않는다. 급한 마음에 꼭 지점에 오똑하게 모래를 얹어보지만 밑에서 받쳐주지 않는 한 결국에는 또다시 미끄러지며 흘러내린다.

원뿔의 부피는 원기둥 부피의 $\frac{1}{3}$이다. 모래가 흘러내리는 비탈면의 기울기가 일정하다고 가정하면, 모래성의 부피는 높이의 세제곱에 비례한다. 이를 미분해보면 모래성의 높이를 일정량 올리기 위해 필요한 모래의 양은 높이의 제곱에 비례해서 증가함을 알 수 있다. 따라서 모래성

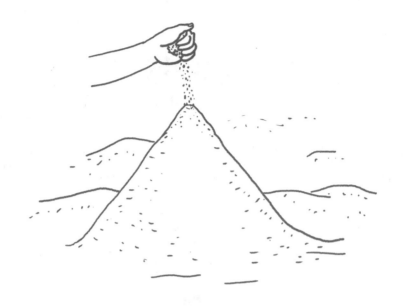

이 작을 때는 높이를 올리는 데 그리 많은 양의 모래가 필요하지 않지만 크기가 커질수록 같은 높이만큼 올리기 위해 훨씬 많은 양의 모래가 필요해진다. 크기가 두 배가 되면 같은 1센티미터를 높이는 데 무려 네 배의 모래가 필요하다는 말이다. 다르게 얘기하면 계속해서 두 손을 모아 같은 양의 모래를 퍼올리지만 시간이 갈수록 꼭짓점의 높이가 올라가는 속도는 크기의 제곱에 반비례하며 느려진다.

피라미드는 사각뿔 형태다. 하나의 돌을 받치기 위해 네 개의 받침돌이 필요하다. 또 그 받침돌은 각각 네 개씩의 받침돌을 필요로 한다. 한 단을 더 높이는 데 필요한 받침돌의 수는 기하급수적으로 증가한다. 사회조직도 피라미드 형태다. 한 사람의 상사는 몇 명의 부하직원들을 두고 있고 부하직원은 또다시 각자의 부하직원을 두고 있다. 한 계급 승진한다는 것은 부하직원의 수와 더불어 책임감도 기하급수적으로 늘어난다는 것을 의미한다.

거꾸로 얘기하면 한 계급 승진하는 데 추가적으로 필요한 부하직원의 수가 점점 많아진다는 의미다. 그래서 지위가 높아질수록 승진 속도는 점점 느려진다. 대리에서 과장 승진은 그리 어렵지 않지만 차장에서 부장 승진은 그리 쉽지 않다. 더구나 전무에서 부사장, 부사장에서 사장으로 승진한다는 것은 그야말로 하늘의 별따기다.

무슨 일이든 열심히 하면 처음에는 그 효과가 금세 나타난다. 그러나 일이 진행될수록 특히 막바지에 다다를수록 투입한 노력에 비하여 효과가 잘 나타나지 않는다. 그만큼 첨단으로 갈수록 진척이 없고 힘들어진다는 얘기다. 기술도 마찬가지다. 첨단기술은 관련 하급기술을 포함하여 일반적인 산업기술이 이를 받쳐주어야 가능하다. 효과를 빨리 보려는 급한 마음에 첨단 부분만 높이려 한들 근본적으로 발전하지는 않는다. 모래성 꼭대기에 나무젓가락이라도 꽂으면 당장은 그 길이만큼 높이가 높아지지만 그것으로 그만이다. 젓가락 끝에 이어서 더 이상 모래를 쌓을 수는 없다. 거기가 끝이다. 장기적인 측면에서는 비록 느리기는 해도 바닥에서부터 저변을 넓히고 다져가는 일이 필요하다. 밑받침이 될 관련 산업을 육성해야 하는 것이다.

예전에 히말라야를 정복한 한 산악인이 구설수에 오른 적이 있다. 산을 정복했음을 증명하기 위해 찍은 사진이 문제가 됐던 거다. 보통 이런 사진은 정상을 두 발로 딛고 서서 찍는데, 이 산악인은 정상이 아니라 정상 가까운 곳에서 사진을 찍어 정상 정복을 증명하려 했다. 그곳이 정상과 얼마나 가까운 곳인지는 잘 모르겠지만, 진짜 정상은 바로 눈앞에 두고 셀퍼들의 '오케이'만 받고서는 그대로 뒤돌아 내려온 것이 아닌가 하는 의혹을 산 것이다.

눈앞에서 정상이 바로 보이는 곳(아니면 스스로 진짜 정상이라고 생각한 곳)까지 갔기 때문에 그리 문제될 것이 없을 수도 있다. 기압은 낮고 산소는 희박하며 온도도 매우 낮은 정상 부근에서 한 걸음을 나아가면 한참을 쉬어야 또 한 걸음을 뗄 수 있다고 한다. 그곳까지 오르느라 모든 것이 소진된 극한 상황에서 마지막 몇 걸음을 더 나아가는 것이 상당히 고통스러울 것이다.

이 산악인의 등반에 대해 뭐라고 판단하기는 어렵지만, 정상에서의 100미터는 평지에서의 100미터가 아니며 정상에서의 한 시간은 일상에서의 한 시간이 아니다. 산이 높을수록 정상에서의 한 걸음은 더욱 큰 의미를 갖는다. 그렇기 때문에 이 산악인의 마지막 한 걸음에 대해 여러 말이 오갔던 것일 게다.

첨단기술도 마찬가지다. 첨단이란 뾰족한 끝을 의미한다. 기존의 뭉툭한 기술에 새로운 것을 붙여서 더욱 뾰족하게 만들려면 저변의 기초 기술이 뒷받침되어야 하며, 남다른 노력과 고통이 뒤따름을 잊지 말아야 한다.

16
발명과 소통
호모 파베르의 미래

발명이라는 말은 많은 사람들, 특히 엔지니어들의 가슴을 뛰게 한다. 발명은 기발한 것, 세상에 없던 것을 새로이 고안해내는 것, 이로써 사람들에게 편리함을 주고 사회에 기여할 수 있는 것, 이를 통해 개인적으로는 당당히 발명자의 반열에 오르고 사람들 기억에 남을 수 있는 것이자 잘만 하면 '대박'도 날 수 있는 것이다. 특허법상 발명은 '자연법칙을 이용한 기술적 사상의 창작으로서 고도한 것'으로 정의되어 있으며, 물건의 발명과 방법의 발명으로 구분된다. 발명이라 하면 주로 실물이 있는 물건의 발명을 떠올리지만 비즈니스 모델이나 컴퓨터 프로그램과 같이 눈에 보이지 않는 방법이나 고안도 발명에 포함된다.

지금까지 인류는 헤아릴 수 없을 정도로 많은 발명품을 만들어냈고 지금도 만들어내고 있다. 특허등록 건수가 우리나라만 해도 1948년 네 건이던 것이 2015년 한 해만 13만 건이 넘었고 전세계적으로는 200만 건이 넘었다. 인간은 도구를 사용하는 존재라는 의미의 호모 파베르^{Homo faber}답게 수많은 도구들을 발명해왔다. 최신 발명품인 핸드폰, 드론, 컴퓨터, 반도체, 자동차, 냉장고, 페니실린, 나일론, 전구 등에서 시작해 거슬러 올라가면 화약, 종이, 바퀴, 시계, 칼, 도자기 등 너무나도 많다.

인류가 만들어낸 가장 위대한 발명품은 무엇일까? 사람마다 다르겠지만 보통은 종이(또는 금속활자), 나침반, 화약을 3대 발명품으로 꼽는다. 첫째로 종이는 인류의 지식을 기록으로 남길 수 있도록 해주었다. 인류가 축적한 지식을 공간적으로 널리, 시간적으로 오랫동안 보관해 후세에 전해주는 것을 가능하게 했다. 둘째 나침반은 별것 아닌 것 같은 작은 발명품이지만 어디에 있든 방향을 일러줌으로써 오늘날 GPS처럼 배가 어디로 항해하고 있는지 알려주었다. 나침반 덕분에 원거리 항해가 가능해졌고, 유럽인들은 인도와 중국, 그 너머까지 항해할 수 있었다. 셋째로 화약은 칼과 말을 쓰는 근접전으로 진행되던 전쟁의 양상을 대포와 총을 쓰는 형태로 바꾸어놓았다.

이들 위대한 발명품들은 모두 중국에서 만들어져 유럽으로 전파된 것들이라는 점과 함께 인류의 소통을 도와준 것들이라는 공통점을 갖고 있다. 종이는 한나라 시절 채륜이 발명했고, 지식의 시간적·공간적 소통을 가능하게 했다. 나침반은 당초 풍수를 위해 고안되었으나 항해에 이용되면서 원거리 문명 간의 소통을 가능하게 했고, 유럽인들이 아메리카 대륙까지 가닿을 수 있게 했다. 화약은 송나라 때 발명된 것이 몽고족에 의해서 유럽에 전해졌다. 몽고족과 유럽문명의 충돌은 중세 유럽의 봉건제도를 붕괴시키고 근세 유럽의 근대국가가 성립되는 데 지대한 역할을 했다.

생각해보면 공학은 소통과 깊은 관련이 있다. 내용 측면에서도 그렇고, 사회적 역할 측면에서도 그렇다. 기계공학에서 다루는 에너지와 물질은 배관망이나 기타 전달경로들을 통해 막힘없이 순환되어야 하고, 전자공학에서 다루는 전류는 연결된 회로를 통해 끊김없이 흘러갈 수 있어야 한다. 토목공학은 고속도로와 교량을 설계하여 마을과 마을, 도시와 도시를 연결시켜주고, 자동차공학은 도로 위를 달리는 교통수단을 만들어 먼 곳에 있는 사람과 만날 수 있게 해준다.

원래 계산하는 기계로 발명되었던 컴퓨터도 이제는 데이터를 전송하는 통신기능이 더 중요하다. 스마트폰은 전화기와 컴퓨터를 결합한 종합 통신기기다. 스마트폰은 단순히 화상 통화나 데이터 통신을 가능하게 하는 첨단기기 이상의 것이다. 멀리 떨어진 가족이나 친지를 만날 수 있도록 해주고, 음성 통화를 할 수 없어도 소통할 수 있도록 해준다.

위대한 발명은 얼마나 높은 기술수준에 도달했는가보다는 사람과 사람 사이의 소통을 원활히 하는 데 얼마나 기여했는가에 따라서 결정된다고 해도 과언이 아니다. 이러한 사실은 그동안의 산업혁명을 이끈 대표적인 발명품을 살펴봐도 쉽게 알 수 있다.

증기기관의 발명으로 시작된 1차 산업혁명은 증기기관 자체보다는 이를 활용한 증기기관차와 증기선이 많은 사람들을 멀리까지 데려다줬다는 데 의미가 더 크다. 전화와 전신통신에 의해서 진행된 2차 산업혁명은 멀리 떨어진 곳으로 직접 이동할 필요 없이 전깃줄을 통해 빛의 속도로 음성 메시지와 전신 메시지를 전달할 수 있게 해주었다. IT혁명으로 일컬어지는 3차 산업혁명은 컴퓨터를 연결하는 인터넷 통신을 통해 오늘날 우리가 누리는 디지털 환경을 가능하게 했다.

이제 시작된 4차 산업혁명은 아직 정확한 개념이 드러나지는 않았지만 사람과 사람을 넘어서, 사람과 사물, 사물과 사물, 아니 모든 것들 사이의 통신Internet of Everything, IoE을 가능하게 할 것이라고 한다. 앞으로 세상이 어떤 방향으로 흘러가고 우리 삶이 어떻게 바뀔지 정확하게 예측하기는 어렵지만, 분명한 것은 미래의 세상은 잘 연결된 초연결사회가 될 것이라는 사실과 이를 위해 점점 더 새로운 발명품들이 쏟아져나올 것이라는 사실이다.

특히 미래에는 인간 내적인 소통과 자연과의 소통이 중요할 것으로 보인다. 내적인 소통이란 바이오를 중심으로 한 인공장기와 인체의 연결, 스스로 사고하는 인공지능과 뇌의 연결, 여기서 한 걸음 더 나아가 현실세계와 가상세계의 연결, 심지어 정신세계에 이르기까지 인간을 중심으로 하는 소통을 말한다. 자연과의 소통이란 자연이 정복이나 개발의 대상이 아니라는 것을 인식하고 지속가능한 환경과 자원과 에너지의 효율적인 사용을 위해 자연을 존중하고 교감하는 것을 의미한다.

우리는 과학기술 덕분에 오늘날과 같은 문명의 혜택을 누리며 살고 있다. 하지만 한편으로는 기술문명의 폐해도 만만치 않다. 안전하고 행복하고자 고안했던 발명품들이 오히려 우리의 건강을 해치고 생존을 위협하고 있다. 인간을 이롭게 하기 위한 과학기술이 인간을 위태롭게 하고 자연을 파괴하고 있다. 앞으로 이러한 문제를 해결하는 것도 과학기술의 몫이다. 초연결사회 속에서 사람 사이의 소통을 넘어 소우주인 인간의 내적인 소통을 도와주고, 대우주인 자연과 진정으로 소통할 수 있어야 할 것이다.

찾아보기

공대생이 아니어도 쓸데있는 공학 이야기

재미 넘치는 공대 교수님의 공학 이야기 두 번째!

1판 1쇄 발행 | 2017년 8월 29일
1판 6쇄 발행 | 2023년 3월 29일

지은이 | 한화택

펴낸이 | 박남주
펴낸곳 | 플루토
출판등록 | 2014년 9월 11일 제2014 - 61호

주소 | 10881 경기도 파주시 문발로 119 모퉁이돌 304호
전화 | 070 - 4234 - 5134
팩스 | 0303 - 3441 - 5134
전자우편 | theplutobooker@gmail.com

ISBN 979 - 11 - 956184 - 6 - 0 03500

이 도서의 국립중앙도서관 출판시도서목록(CIP)은 서지정보유통지원시스템 홈페이지(http://seoji.nl.go.kr)와
국가자료공동목록시스템(http://www.nl.go.kr/kolisnet)에서 이용하실 수 있습니다.(CIP제어번호: CIP 2017019631)

우주날씨 이야기

끊임없이 태양풍이 쏟아지고
날마다 우주방사선이 날아드는 지구 바깥

★ 2019년 아시아태평양이론물리센터(APCTP) 올해의 과학도서 선정
★ 2020년 우수환경도서
★ 2020년 건국대학교 추천도서

황정아 지음 | 272쪽 | 17,000원

좋은 균, 나쁜 균, 이상한 균

똑똑한 식물과 영리한 미생물의 밀고 당기는 공생 이야기

★ 부천시립도서관 사서추천도서
★ 《학교도서관저널》 청소년 과학 부문 추천도서
★ 《월간 책씨앗》 추천도서

류충민 지음 | 268쪽 | 16,500원

시민의 물리학

그리스 자연철학에서 복잡계 과학까지,
세상 보는 눈이 바뀌는 물리학 이야기

★ 국립중앙도서관 사서추천도서
★ 2019년 세종도서 교양부문 선정도서
★ 안산시 중앙도서관–2019년 감골도서관 하루10분독서운동 추천도서

유상균 지음 | 312쪽 | 16,500원

다윈의 물고기

진화생물학과 로봇공학을 넘나드는 로봇 물고기 태드로의 모험

★ 2018년 과학기술정보통신부 인증 우수과학도서
★ 2018년 광주광역시립도서관 권장도서
★ 2018년 세종도서 학술부문 선정도서
★ 인디고서원 이달의 추천도서

존 롱 지음 | 노승영 옮김 | 368쪽 | 17,000원

아인슈타인의 주사위와 슈뢰딩거의 고양이

상대성이론과 파동방정식 그 후,
통일이론을 위한 두 거장의 평생에 걸친 지적 투쟁

★ 2017년 과학기술정보통신부 인증 우수과학도서
★ 국립중앙도서관 추천 '휴가철에 읽기 좋은 책'
★ 국립중앙도서관 사서추천도서
★ 인디고서원 이달의 추천도서
★ 《뉴 사이언티스트》 선정 2015년 올해의 과학책

폴 핼펀 지음 | 이강영 감수 | 김성훈 옮김 | 500쪽 | 22,000원